Hannelore Rössel

Kommentierte Kopiervorlagen
Biologie

Neue Rätsel im Biologieunterricht

für die aufgelockerte Biologiestunde

W0471884

AULIS VERLAG DEUBNER & CO KG

Die Deutsche Bibliothek – CIP-Einheitsaufnahme

Rössel, Hannelore:
Neue Rätsel im Biologieunterricht : für die aufgelockerte Biologiestunde / Hannelore Rössel. –
Köln : Aulis-Verl. Deubner, 2000
(Kommentierte Kopiervorlagen Biologie)
ISBN 3-7614-2249-0

Best.-Nr. 5122
© Alle Rechte bei AULIS VERLAG DEUBNER & CO KG, Köln 2000
Grafiken: *Brigitte Karnath-Eidner*, Wiesbaden und DTP-design, Alsfeld
Satz und Reproduktion: DTP-design, 36304 Alsfeld
Druck und Verarbeitung: Siebengebirgs-Druck, Bad Honnef
ISBN 3-7614-2249-0

Das vorliegende Werk wurde sorgfältig erarbeitet. Dennoch übernehmen Autorin und Verlag für die Richtigkeit von Angaben, Hinweisen und Ratschlägen sowie für eventuelle Druckfehler keine Haftung.

Vorwort

Mit **35 neuen Rätseln** bietet Ihnen der vorliegende zweite Biologie-Rätselband wieder zahlreiche Möglichkeiten, Ihren Unterricht **aufzulockern** und **abwechslungsreich zu gestalten**. Wie schon der erste Band, so enthält auch der jetzige Folgeband ein inhaltlich breit gefächertes, vielseitig verwendbares, **kopierfertiges Rätselangebot** mit zusätzlichen **Lehrerseiten**, die nützliche Hinweise oder zum Rätselthema passende Ergänzungen enthalten. Alle Rätsel sind **themen- und altersspezifisch angelegt**; sie reichen je nach Inhalt und Umfang **von Klasse 5 bis zur Jahrgangsstufe 13**.

Trotz völliger Eigenständigkeit von Band II ergänzen sich beide Bände inhaltlich. Wo **unterrichtsrelevante Themen erneut aufgegriffen** wurden, erscheinen sie jetzt in anderer Rätselform, mit anderer Schwerpunktbildung oder für andere Jahrgangsstufen, so dass man mit ihnen auch andere pädagogische Ziele verfolgen wird. **Zahlreiche Rätselthemen sind neu hinzugekommen** (z. B. Heil- und Giftpflanzen, Pilze, Fische, Überwintern, unsere Zähne, das menschliche Ohr, Verhaltenslehre, im Boden, das Mikroskop). Neben bereits bewährten Rätselarten sorgen nochmals **neue Rätselkonstruktionen** für zusätzliche Abwechslung (z. B. Rösselsprung, Geheimschriften, Mogelpackungen). Neu ist auch, dass in zwei Fällen für besonders schnelle Schüler zum „eigentlichen" Rätsel noch ein kleines **Zusatzrätsel** angeboten wird (Nr. 9, Nr. 11), und auch, dass es **Rätsel gleichen Inhalts, aber völlig verschiedenartiger Darstellungsweise** gibt, was Folgen für ihren methodisch-didaktischen Einsatz hat (Nr. 14, Nr. 27, Nr. 28). Ein sehr umfangreiches Rätsel liegt in zwei Teilen vor, die unabhängig voneinander bearbeitet werden können (Nr. 31).

Auch der jetzige Rätselband ist in **vier Kapitel** unterteilt: Pflanzenkunde, Tierkunde, Menschenkunde und Allgemeine Biologie. Bereits dem **Inhaltsverzeichnis** können Sie außer den Rätselthemen und den Rätselarten die geeigneten Klassenstufen entnehmen, was dem **raschen Auffinden** geeigneten Unterrichtsmaterials zugute kommt.

Bei der **Auswahl der Rätselinhalte** und der **Formulierung der Fragen** wurde versucht zu berücksichtigen, dass manche biologische Themenstellungen nur für jüngere Schüler geeignet sind, andere dagegen Schülern höherer Klassen vorbehalten bleiben und es auch Themen gibt, die gemäß dem für die Schulbiologie typischen Spiralcurriculum mehrmals und damit auf unterschiedlichem Anforderungsniveau behandelt werden.

Charakteristisch für beide Rätselbände sind relativ **ausführliche Lehrerseiten**, die die Lösung enthalten, auf eventuelle Schwierigkeiten beim Lösen aufmerksam machen und Hinweise geben, für welche pädagogischen Vorhaben ein Rätsel besonders geeignet ist. Mitunter finden Sie dort auch Tabellen oder andere Angaben, die im Zusammenhang mit dem Rätselthema nützlich sein können und anderweitig nicht immer leicht zu finden sind. Die Lehrerseiten enthalten jeweils nach der Lösung zunächst eine dreiteilige **„Kurzinfo"** mit Angaben zur geeigneten Klassenstufe, dem Schwierigkeitsgrad (* bis ***) und der Bearbeitungszeit, wobei diese Angaben natürlich nur als Richtwerte zu betrachten sind.

Mehrere Rätsel werden durch ein **zusätzliches Schülerarbeitsblatt** ergänzt; dabei handelt es sich um Zahlenangaben, die auszuwerten sind oder um Kurvenmaterial, das zu interpretieren ist, auch um zum Thema passende, einfache Bestimmungsschlüssel.

Rätselangebot und Verwendung der Rätsel

- Wie schon Band I, so enthält auch der jetzige Folgeband neben **gängigen Rätselarten** wieder zahlreiche **spezielle, auf den Inhalt zugeschnittene Darstellungsweisen**. Alle Rätsel sind gut überschaubar und im Grunde ohne nähere Erläuterungen lösbar. Man findet aber immer wieder Schüler – auch ältere –, die sich noch nie mit dem Lösen eines Rätsels beschäftigt haben; einige hilfreiche Tipps sind deshalb meist angebracht und begünstigen ein reibungsloses Lösen.

- Im Durchschnitt sind die Rätsel für jüngere Schüler deutlich kürzer als die für ältere, die über mehr Ausdauer verfügen. Der **Zeitbedarf** zum Lösen eines Rätsels hängt nicht nur von der Menge der Fragen und ihrem Schwierigkeitsgrad ab, sondern wesentlich auch von der Ausführlichkeit der Begriffsumschreibungen; diese haben **mitunter belehrenden Charakter** und fallen dann länger aus – in solchen Fällen wird man den Schülern besonders viel Zeit zum gründlichen Durchlesen des Textes zur Verfügung stellen, damit einiges „hängen bleibt".

- Bei fast allen Rätseln muss ein **Lösungswort** oder eine Kombination aus mehreren, miteinander zusammenhängenden Lösungswörtern, ein **Merksatz** oder ein zum Rätselthema passendes **Motto** gefunden werden. Lösungswörter sind besonders wichtige Begriffe aus dem jeweiligen Themenkomplex, auch mögliche Schlüsselwörter für einen über das Rätsel hinausgehenden Aspekt, den man zusätzlich behandeln kann.

- Einige Rätsel können von den Schülern der angegebenen Jahrgänge mit ihrem **Allgemeinwissen**, d. h. weitgehend ohne unterrichtliche Voraussetzungen, gelöst werden; solche Rätsel eignen sich gut als **Einstieg** in eine Unterrichtsreihe und sollten möglichst im Unterricht selbst gelöst werden.
- Andere Rätsel(inhalte) bieten einen **Querschnitt** durch ein zuvor besprochenes Kapitel; derartige Rätsel dienen der **Stoffwiederholung** und **Wissensfestigung**, wobei man unterscheiden muss zwischen Rätseln, die sich eher als **stichpunktartige Übersicht** verstehen und solchen, die speziell genug sind, um als **Vorbereitung auf eine schriftliche Lernkontrolle** genutzt zu werden. Rätsel mit Wiederholungscharakter kann man ebenso in der Unterrichtsstunde wie zu Hause lösen lassen.
- Weiterhin enthält die Rätselsammlung einige Rätsel zu **Sonderthemen**, auf die man die Schüler durch die Beschäftigung mit dem betreffenden Rätsel **aufmerksam machen** kann. Eine Reihe von Rätseln eignet sich besonders für **letzte Stunden vor Ferienbeginn** oder andere spezielle Anlässe, manche z. B. auch für **Vertretungsstunden** in fremden Klassen. Für fremde Schüler wählt man Rätsel mit nicht allzu speziellen Fragestellungen aus, oder man erkundigt sich vorher bei dem betreffenden Fachlehrer, ob das anvisierte Rätsel dem Wissensstand seiner Klasse entspricht.

Selbstverständlich haben Sie durch den Kauf der Rätselsammlung auch das **Recht** erworben, die Rätselseiten für Ihre Schüler **zu kopieren**. Auch der vorliegende Band richtet sich nach der neuen Rechtschreibung (z. B. Känguru, Stängel, I-gel, Zu-cker).

Mein herzlicher Dank gilt erneut

- Herrn StD. ***Dr. Kurt Freytag***, der freundlicherweise wieder das Lektorat übernahm, mir wertvolle Hinweise gab und seine reichhaltige Briefmarkensammlung zur Verfügung stellte,
- und meinem Mann, OStR. ***Dr. Fritz Rössel***, der mit immer wieder neuen Ideen und ausgiebigen Literaturrecherchen wesentlich zum Entstehen auch der jetzigen Rätselsammlung beitrug.

Alle am Zustandekommen des vorliegenden Bandes Beteiligten wünschen Ihnen und Ihren Schülern viel Freude beim Lösen der neuen Bio-Rätsel.

Königstein / Taunus, im Oktober 2000

Hannelore Rössel, OStRn.

Die Rätselthemen von Band I (Kurzfassung)

Pflanzenkunde

1. Abbildungen von Blütenpflanzen
2. Pflanzennamen / Suchwort-Puzzle
3. Pflanzen(bestandteile) als Nahrungsmittel
4. Vom Korn zum Brot / Kreuzworträtsel
5. Blätter und Früchte unserer Bäume
6. Wein & Co. / Silbenrätsel
7. Kreuz und quer durch die Pflanzenkunde

Tierkunde

8. Schmetterlinge / Bilderrätsel
9. Insekten / Bilderrätsel
10. Amsel, Drossel, Fink und Star
11. Haustiere / Kammrätsel
12. Tiernamen / Suchwort-Puzzle
13. Meerestiere / Rätselfigur
14. Tierkunde / Silbenrätsel
15. Irreführende Tiernamen

Menschenkunde

16. Bewegungssystem und Atmung
17. Kreislauf und Stoffwechsel
18. Das menschliche Auge / Silbenrätsel
19. Medizinisches / Rätselfigur
20. Blut und Blutkreislauf / Rätselalphabet
21. Begriffe aus der Menschenkunde
22. Menschenkunde und Allgemeine Biologie

Allgemeine Biologie

Genetik / Evolution

23. Gen & Co. / Kreuzworträtsel
24. Genetik für Fortgeschrittene
25. Stammesgeschichte des Menschen

Ökologie

26. Unser Wald / Silbenrätsel
27. 2 x rund um den Wald / Rätselfiguren
28. Naturschutz von A - Z / Rätselspirale
29. 2 x rund um das Wasser / Rätselfiguren
30. Ökologie im Überblick / Silbenrätsel

Weitere Themen

31. Die Zelle / Silbenrätsel
32. Naturstoffe / Rätselalphabet
33. Düngemittel / Silbenrätsel
34. Radioaktivität und Biologie / Kammrätsel
35. Berühmte Forscher auf Briefmarken

Inhaltsverzeichnis Band II

I. Pflanzenkunde

II. Tierkunde

III. Menschenkunde

A. SPEZIELLE THEMEN

Die Kornähre

– ein Rätsel zu Abbildungen ganz besonderer Gräser –

Trage alle Namen ein! Wie heißen Lösungswort und Lösungsbuchstabe?

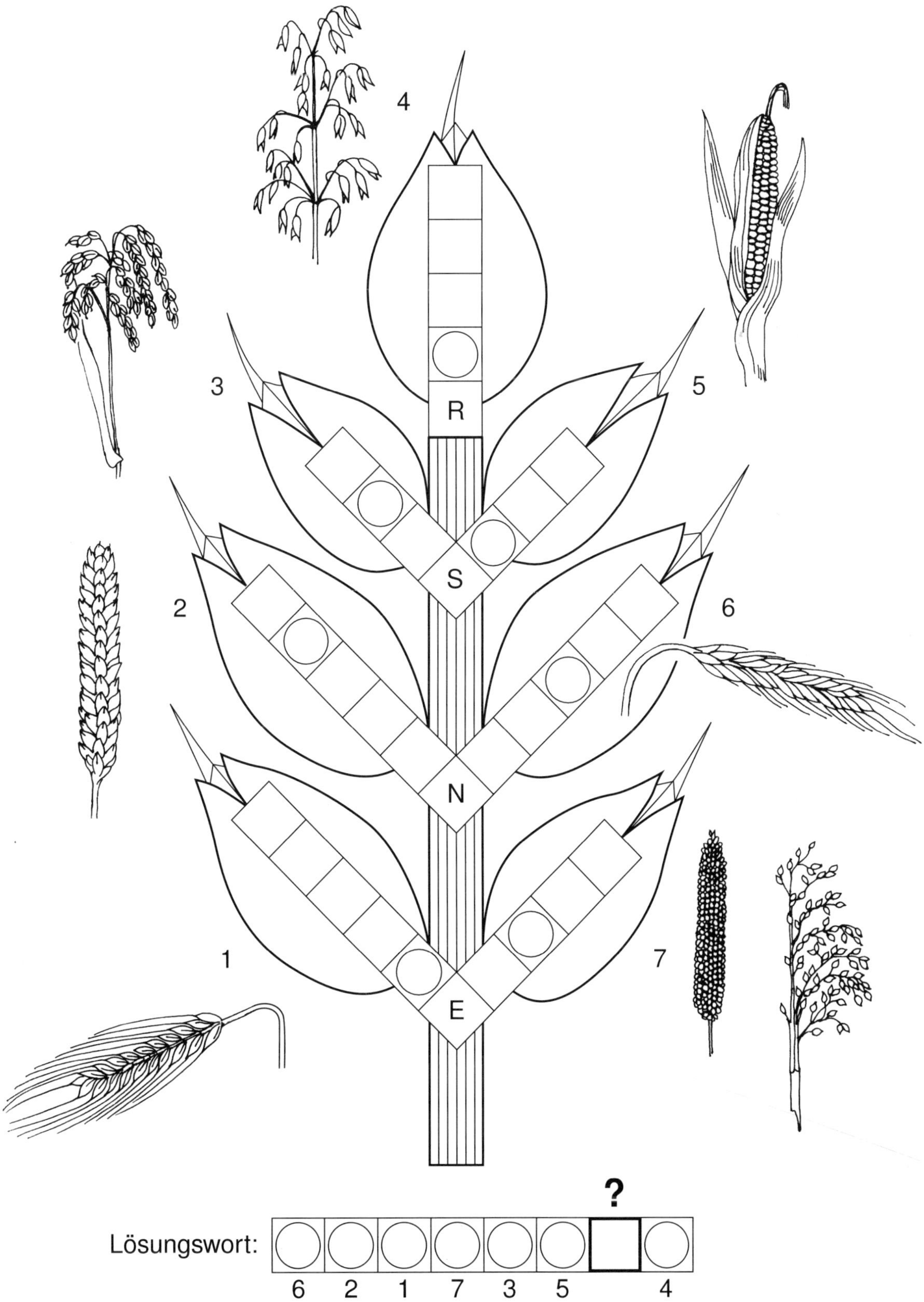

Aus: Neue Rätsel im Biologieunterricht, Aulis Verlag Deubner & Co KG, Köln, 2000

Lösung zu Rätsel 1:

1. Gerste, 2. Weizen, 3. Reis, 4. Hafer, 5. Mais, 6. Roggen, 7. Hirse

Lösungswort: GETREIDE
Lösungsbuchstabe: D (aus GETREIDE)

Klassenstufe: 5. - 6.
Schwierigkeitsgrad: *
Benötigte Zeit: 5 Minuten

Weitere Hinweise:

In den genannten Klassenstufen bespricht man die Getreidearten meist im Rahmen des Themas **Nahrung und Ernährung**; die **Morphologie der Gräser** wird eher nur gestreift. Das Rätsel „Die Kornähre" bietet sich für beide Vorhaben an und kann **Querverbindungen** zum jeweils anderen Themenkreis herstellen. Anschauungsmaterial sollte im einen wie im anderen Fall zur Verfügung stehen.

Dem Namen nach dürften den Schülern die 7 Getreidearten bereits ohne unterrichtliche Voraussetzungen bekannt sein, nur Hirse vielleicht nicht. Eine **Verwechslung** wegen gleicher Buchstabenzahlen und gleicher Endbuchstaben tritt evtl. beim Eintragen von Weizen und Roggen auf, was aber später bemerkt wird; bei Reis und Mais kommt es – obwohl auch hier aus formalen Gründen möglich – kaum zu einer solchen Verwechslung.

Als **Einstiegsmöglichkeit** in eine Unterrichtsreihe über **Lebensmittel auf Getreidebasis** genutzt, lassen sich mit der „Kornähre" zahlreiche weiterführende Fragen initiieren, wie die unten vorgeschlagene Auswahl zeigt. Man kann das Rätsel aber auch **im Anschluss** an das Thema „Nahrungsmittel" bearbeiten lassen, um mit den Schülern ergänzend einige typische morphologische Merkmale der verschiedenen Getreidepflanzen zusammenzustellen.

Wird das Rätsel **im Rahmen der Pflanzenkunde** verwendet, um auf die **Familie der Gräser** einzugehen, bieten sich umgekehrt zahlreiche Verknüpfungsmöglichkeiten mit dem Themenkomplex „Ernährung", was ebenfalls aus dem Fragenkatalog hervorgeht. (Zuckerrohr sollte in diesem Zusammenhang nicht unerwähnt bleiben.)

Zu einigen der folgenden Fragen, die verschiedenartige Schwerpunktbildungen ermöglichen, werden zugleich altersgemäße Antworten gegeben; ein einfach gehaltenes Tafelbild zum Aufbau eines Getreidekorns kann gegebenenfalls ergänzt werden (siehe Abbildung).

10 mögliche Fragen zu „Getreide" (im Zusammenhang mit dem Rätsel):

1. Welche Getreideart bezeichnet man üblicherweise als **„Korn"**? (die Hauptgetreideart eines Landes, bei uns den Roggen, in Frankreich den Weizen, in Amerika den Mais)
2. Welche Getreidearten spielen weltweit die **größte Rolle**, welche in Asien, in Afrika, in Amerika? (weltweit: Weizen, Reis, Mais; Asien: Reis; Afrika: Hirse und Mais; Amerika: Mais und Weizen)
3. Bei welchen Getreidearten ist der Fruchtstand eine **Rispe**?
4. Was ist besonders typisch für die Ähre der **Gerste**? (hängende Ähre, sehr lange Grannen, meist zweizeilig)
5. Wodurch unterscheiden sich **Weizen-** und **Roggen**ähren? (Weizen aufrechte Ähre, kaum Grannen, meist sechszeilig, deutlich dickere Körner; Roggen meist vierzeilig, hängende Ähren mit Grannen, die deutlich kürzer als bei Gerste sind)
6. Wie ist ein **Getreidekorn** aufgebaut? (Fruchtschale, Samenschale, Aleuronschicht, Mehlkörper, Keimling; die Aleuronschicht ist besonders eiweißreich, der Mehlkörper besonders stärkehaltig, der Keimling reich an Fett, Eiweiß und Vitamin B)
7. Wozu wird Getreide außer zur menschlichen Ernährung noch **verwendet**? (Herstellung alkoholischer Getränke, Viehfutter; die Halme: Viehfutter, Streu, Abdeckmaterial)
8. Was sind **Teigwaren** und wie werden sie hergestellt? (der aus Wasser und meist Weizengrieß hergestellte Teig wird nach der Formgebung nur getrocknet)
9. Was versteht man unter **Grieß, Grütze, Graupen, poliertem Reis**?
10. Was bedeutet die Bezeichnung **„parboiled"** bei Reis? (gelblicher Langkornreis, bei dem durch Behandlung mit heißem Wasserdampf die Vitamine aus den Randzonen ins Innere des Korns verlagert wurden)

10 mögliche Fragen zum Thema "Brot" (im Anschluss an das Rätsel):

1. Welche Produkte entstehen beim **Mahlprozess**? (Schalen, Aleuronschicht und Keim werden vom übrigen Korn getrennt und ergeben die Kleie; der Mehlkörper liefert das Mehl)
2. Woraus wird **Brot** hergestellt? (aus Mehl, Wasser, Salz und einem Teiglockerungsmittel)
3. Welche **Teiglockerungsmittel** für Brotteig / für Kuchenteig gibt es? (für Brot: Sauerteig, Hefe; für Kuchen etc.: Hefe, Backpulver)
4. Welche Getreidearten liefern **backfähiges Mehl**? (Weizen und Roggen)
5. Wovon hängt die **Backfähigkeit** eines Mehls ab? (vom Gehalt an bestimmten Eiweißen, dem sog. Kleber)
6. Welche **Brotarten** kennst du?
7. Was versteht man unter **Vollkornbrot**, was ist **Schrotbrot, Grahambrot, Pumpernickel, Knäckebrot, Zwieback**?
8. Woraus wird **Weißbrot** hergestellt, woraus z. B. ein **Roggenmischbrot**? (Weißbrot ist ein Weizenbrot mit einem Mindestanteil von 90 % Weizen, Treibmittel ist Hefe; ein Roggenmischbrot muss zwischen 50 % und 89 % Roggen enthalten, Treibmittel ist Sauerteig)
9. Was gibt die **Mehltype** an? (den Aschegehalt, d. h. die Menge an Mineralstoffen in mg, die nach Veraschung von 100 g Mehl übrig bleiben. Der Aschegehalt wiederum ist zugleich ein Maß für den Ausmahlungsgrad eines Mehls; letzterer gibt an, wieviel g Mehl aus 100 g Korn erhalten wurden.
   Beispiele: Type 405 des handelsüblichen Weizenmehls bedeutet einen Aschegehalt von 0,405 % [und einen Ausmahlungsgrad von rund 40 %], Weizenmehl der Type 1050 hat einen Aschegehalt von 1,05 % [und einen Ausmahlungsgrad von rund 82 %].
   Je weniger ausgemahlen ein Mehl ist, desto feiner, weißer und stärkehaltiger ist es; hochausgemahlene Mehlsorten sind infolge des hohen Kleieanteils dunkler und reicher an Eiweiß, Vitaminen und Mineralstoffen.)
10. Warum kann man rund drei Fünftel der Menschheit als **Breiesser** bezeichnen? (die in den betreffenden Ländern hauptsächlich verwendeten Getreidearten liefern kein backfähiges Mehl)

Tafelbild: Der Aufbau eines Getreidekorns

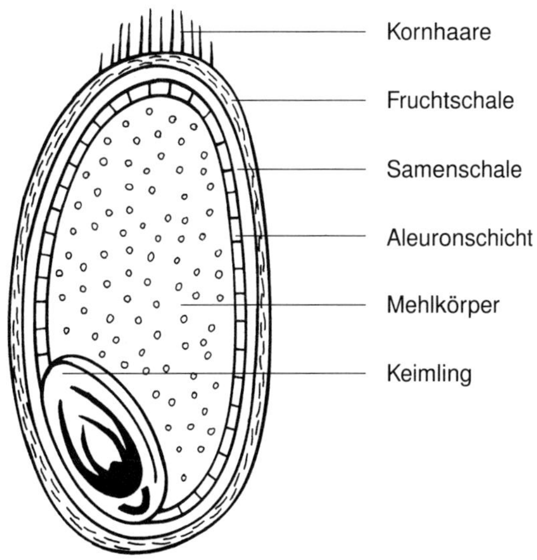

Steckbriefe

– ein Silbenrätsel über Blumen, die du kennen solltest –

Wenn du die 16 Blumen erkannt und ihre Namen eingetragen hast, ergeben die 1. oder 2. Buchstaben deiner Antworten, hintereinander gelesen, das **Lösungswort.** Wie lautet es?

Es lohnt sich, die Silben zunächst einmal genau durchzulesen – dabei wirst du bereits einige der gesuchten Blumen „erkennen" und musst dann nur noch nachsehen, wo sie als Antwort „passen". Vergiss auch nicht, die verwendeten Silben stets auszustreichen; es darf keine Silbe übrig bleiben. Und nun viel Erfolg!

---

an blu blu blüm chen chen chen chen del e en
gän glöck glöck grün herbst im ke
li lie lo mai me me mer mis nar nel nen pe ro
schlüs schnee se se se sel sen son
tel tul veil weiß zeit zi zis

---

1. kleine, meist blau-violett blühende, duftende Waldpflanze mit herzförmigen Blättern, blüht meist im Verborgenen .... 1 = ...

2. streng unter Naturschutz stehende Alpenblume mit silbrigweißem, samtartigem Blütenstern und ebenfalls silbrigem, samtartig behaartem Stiel, wächst an Felshängen .... 1 = ...

3. Blume mit stachligem Stiel und meist duftender Blüte; Blüte hat zarte, herzförmige Blütenblätter und kommt in den verschiedensten Farben vor; es gibt zahlreiche prachtvolle Zuchtformen; mit roter Blüte gilt sie als Blume der Liebe .... 1 = ...

4. kleine Wiesenblume, von Frühjahr bis Herbst anzutreffen, wird selten höher als 5 cm; Korbblütler mit weißen, an den Spitzen auch rosafarbenen „Blütenblättern" (randständigen Strahlenblüten) und gelber Mitte (Röhrenblüten) .... 1 = ...

5. prächtige Gartenpflanze; die bekannteste Art hat weiße, trichterförmige, 10 - 15 cm große Blüten (es gibt auch hell-feuerrote); Stängel trägt zahlreiche kleine, schmale Blätter, kann über 1 m hoch werden; Wappenblume Frankreichs .... 2 = ...

6. Korbblütler mit goldgelben Strahlenblüten, blüht im Hoch- bis Spätsommer, wird bis zu 2 m hoch, aus dem Samen wird Öl gewonnen, Samen dient auch als Vogelfutter .... 1 = ...

7. Zwiebelpflanze, deren kleine weiße Blüten schon im Januar durch den Schnee hindurchkommen, beliebte Gartenpflanze, als Wildpflanze streng geschützt .... 1 = ...

Aus: Neue Rätsel im Biologieunterricht, Aulis Verlag Deubner & Co KG, Köln, 2000

8. blüht im Mai, wird ca. 20 cm hoch, liebt den Schatten (Waldpflanze), hat am Stängel mehrere kleine weiße, glockenförmige, wohlriechende Blüten, ist giftig .... 1 = ...

9. wie Nr. 2 eine sehr bekannte, geschützte Alpenblume, besonders schön die Art mit intensiv blauen, trichterförmigen, 4 - 5 cm großen Blüten an sehr kurzen Stielen; vor allem auf Almwiesen zu finden .... 1 = ...

10. Halbschmarotzer aus grünem „Astwerk", wächst auf Bäumen und trägt kleine weißliche Beeren, wird gern als Weihnachtssymbol z. B. an Haustüren gehängt (englischer Brauch) .... 2 = ...

11. im Blumengeschäft das ganze Jahr über zu haben, Blüte in der Regel rosa bis rot, aber auch gelblich oder weiß, Stängel blaugrün mit Stängelknoten, meist einblütig .... 1 = ...

12. Gruppe von Zwiebelpflanzen, zu der auch die gelbe Osterglocke gehört .... 1 = ...

13. Bodendecker in Laubwäldern und unter Gebüsch, behält im Winter seine dunkelgrünen, ledrig wirkenden, glänzenden Blätter, bekommt kleine sternförmige, hellblaue Blüten .... 1 = ...

14. Wiesenblume, Frühblüher, am ca. 10 cm hohen Stiel befindet sich ein gelber Blüten„büschel" aus schlüsselförmigen Blüten .... 2 = ...

15. Giftpflanze, bevorzugt Feuchtwiesen; Blätter und Blüten erscheinen zu verschiedenen Jahreszeiten: die Blätter im Frühjahr, die hellvioletten, schlanken, stängellosen Blüten im Herbst .... 1 = ...

16. Frühblüher, bekannte Zwiebelpflanze, von der es zahlreiche Zuchtformen gibt; der dicke Stängel kann bis zu ca. 40 cm hoch werden und trägt i. a. nur eine, aus 5 Blütenblättern bestehende Blüte, in der man gut den Stempel und die Staubgefäße sieht .... 1 = ...

Das Lösungswort lautet:

....

2 Lehrerseite

Lösung zu Rätsel 2:

1. **V**eilchen, 2. **E**delweiß, 3. **R**ose, 4. **G**änseblümchen, 5. L**i**lie, 6. **S**onnenblume, 7. **S**chneeglöckchen, 8. **M**aiglöckchen, 9. **E**nzian, 10. M**i**stel, 11. **N**elke, 12. **N**arzissen, 13. **I**mmergrün, 14. S**c**hlüsselblume, 15. **H**erbstzeitlose, 16. **T**ulpe

Lösungswort: VERGISSMEINNICHT

Klassenstufe: 5. - 8.
Schwierigkeitsgrad: **
Benötigte Zeit: 10 - 15 Minuten

Weitere Hinweise:

Die Umschreibungen erhalten mehr Angaben als zum Lösen der Fragen erforderlich, so dass das Rätsel zugleich auch einen **belehrenden Charakter** besitzt. Außer dem Aussehen der Blüten werden auch Blattformen, Wuchshöhe, Standort, Blütezeit, Duft usw. erwähnt, wo es sich um besonders typische Merkmale für die betreffende Pflanze handelt. Die Art der Charakterisierung der Pflanzen bringt es mit sich, dass das Rätsel erhebliche **Anforderungen an das Vorstellungsvermögen** der Schüler stellt und deshalb keinesfalls als leicht einzustufen ist.

Seltenheiten kommen im Rätsel **nicht** vor; trotzdem finden die Schüler die Antworten zu Nr. 10 und Nr. 13 nicht immer ohne Hilfe. Dagegen lassen sich aufgrund der Formulierung der Umschreibungen die Fragen
Nr. 7 (... durch den *Schnee* hindurchkommen),
Nr. 8 (blüht im *Mai* ...),
Nr. 14 (... aus *schlüssel*förmigen Blüten)
und Nr. 15 (... Blüten im *Herbst*)
besonders leicht beantworten. Manche Namen können auch leicht durch **Kombination der Silben** gefunden werden, worauf das Schülerblatt eigens hinweist. Man sollte die Schüler darauf aufmerksam machen, dass es für den Fall etwaiger Korrekturen von Vorteil ist, die verwendeten Silben stets nur **mit Bleistift** durchzustreichen.

Das Rätsel ist für **eigene Biologieklassen** deutlich besser geeignet als für fremde Schüler, es kann eine Unterrichtseinheit über den Bau von Blütenpflanzen ergänzen und auflockern. Soweit möglich, bringt man die Pflanzen in den Unterricht mit, besonders auch das Vergissmeinnicht (Lösungswort); von Pflanzen, die nicht zur Verfügung stehen, zeigt man Abbildungen.

Die Frage drängt sich auf, wie man den Namen einer unbekannten Pflanze „herausbekommen kann" – hier hat der Lehrer die Möglichkeit, **Bestimmungsübungen** anzuschließen, wofür **sehr verschiedenartige Bestimmungsbücher** herangezogen werden können. Je nach Jahreszeit bieten sich als den Schülern weniger bekannte Blütenpflanzen beispielsweise Scharbockskraut oder Hahnenfuß an (die sie mitunter kurzerhand als Butterblume bezeichnen); Pflanzen mit allergenem Potenzial wie z. B. Wegerich und andere Windbestäuber sind zu meiden.

Kombinieren und sortieren

– ein Briefmarkenrätsel über Heilpflanzen und Giftpflanzen –

Hier herrscht ein heilloses Durcheinander; schaffe Ordnung! Zum **Lösungswort** des Rätsels tragen die Namen der **abgebildeten Pflanzen** mit je einem Buchstaben bei; es hat mit dem Rätselthema zu tun.

sand-

-rian

Ross- 7.=☐

-mille

Gold-

Brenn-

Toll-

Ar- 6.=☐

-hut

Spitz-

Ringel-

8.=☐ Fliegen-

-lose

-blume

-regen

Ka-

Lebens-

Bald-

-lunder

-ling

Mai-

Herbst-

-mohn

Salomons-

-glöckchen

-pilz

Weiß-

-klau 7.=☐

Huf-

Schaf-

-hut

-dorn

-tel

-pilz

Finger- 8.=☐

7.=☐

-rich

-nessel

9.=☐

Bären-

Thy-

Eisen-

Seidel-

Knollen-

-blätter

-dorn

-wege-

Ho-

-baum

-bast

-kirsche

-bei

Aron-

sal- 5.=☐

-zeit-

7.=☐

-garbe

-nika

Schlaf-

6.=☐ Mis-

-stab

-kastanie

-mian

-siegel

Schier-

-lattich

3 Lehrerseite

Lösung zu Rätsel 3:

Heilpflanzen (schräge Schrift)	**Giftpflanzen** (gerade Schrift)
Ar- -nika	Aron- -stab
Bald- -rian	Bären- -klau
Brenn- -nessel	Eisen- -hut
Ho- -lunder	Finger- -hut
Huf- -lattich	Fliegen- -pilz
Ka- -mille	Gold- -regen
Mis- -tel	Herbst- -zeit- -lose
Ringel- -blume	Knollen- -blätter- -pilz
Ross- -kastanie	Lebens- -baum
Sal- -bei	Mai- -glöckchen
Sand- -dorn	Salomons- -siegel
Schaf- -garbe	Schier- -ling
Spitz- -wege- -rich	Schlaf- -mohn
Thy- -mian	Seidel- -bast
Weiß- -dorn	Toll- -kirsche

Briefmarken (waagrecht sortiert)	**+ Buchstaben**
Ar*nika*	6. = A
Ross*kastanie*	7. = S
Fliegen*pilz*	8. = P
Mai*glöckchen*	7. = C
Salomons*siegel*	9. = S
Weiß*dorn*	7. = R
Finger*hut*	8. = U
Sal*bei*	5. = E
Mis*tel*	6. = L
Aron*stab*	7. = A

Lösungswort:

P A R A C E L S U S

Klassenstufe: 7. - 10.
Schwierigkeitsgrad: *
Benötigte Zeit: 15 - 20 Minuten

Weitere Hinweise:

Gesucht werden die Namen von **30 Pflanzen mit biologisch wirksamen Inhaltsstoffen**. Durch Kombinieren der Wortbestandteile und Sortieren nach Schriftarten ergeben sich zwei Listen – eine mit **15 Heilpflanzen**, eine mit **15 Giftpflanzen**. Das Rätsel eignet sich besonders für Vertretungsstunden, letzte Stunden vor den Ferien und ähnliche Anlässe, es kann aber auch als Ergänzung des Themas „Nutzpflanzen" in den regulären Unterricht eingegliedert werden.

Pflanzennamen mit **besonders charakteristischen Wortbestandteilen** (z. B. Brenn-, Mai-, Finger-) werden von den Schülern in der Regel umgehend entdeckt; die Namen werden notiert, die verwendeten Silben – mit Bleistift – ausgestrichen. Bei der Suche nach weiteren Pflanzennamen bemerken die Schüler, dass auch **die Briefmarken Hinweise** auf Namen geben können. (Unmittelbar bei den Marken befindet sich jeweils der erste Wortteil der abgebildeten Pflanzen, außerdem stehen auf manchen Marken die Namen.) Ob bzw. wann die Schüler die beiden **Schriftarten als ordnendes Prinzip** erkennen, lässt sich nicht vorhersagen, man weist sie gegenfalls darauf hin – das hilft beim Zusammenfügen der restlichen Silben.

Man kann auch **von vornherein** mit den Schülern eine **Lösungsstrategie entwickeln**, die ein besonders rationelles Arbeiten, d. h. schnelles Vorankommen, verspricht. Dazu listen die Schüler sämtliche 63 Wortbestandteile, getrennt nach Schrifttypen und Groß- bzw. Kleinschreibung, in vier Rubriken auf. Die hierdurch erreichte gute Überschaubarkeit lässt das Zusammenfügen der Silben in deutlich kürzerer Zeit gelingen, als es bei einer eher unsystematischen Vorgehensweise möglich ist – diese ist aber für die Schüler reizvoller.

Zu den Begriffen **„Heilpflanze"** und **„Giftpflanze"** sowie zum **Lösungswort** werden einige ergänzende Bemerkungen (I, II) angeschlossen:

I. Heilpflanzen oder Arzneipflanzen sind Pflanzen, die aufgrund ihrer Inhaltsstoffe therapeutisch einsetzbar sind. Giftpflanzen enthalten Verbindungen, die schon in kleinen Mengen Schädigungen (Vergiftungen) hervorzurufen vermögen. Aufgrund dieser Definitionen kommt es zu **Begriffsüberschneidungen**, worauf man die Schüler, um Missverständnissen vorzubeugen, aufmerksam machen muss: Pflanzen mit **therapeutisch wirksamen, zugleich**

aber giftigen Inhaltsstoffen (Beispiel: Fingerhut) sind **beiden Kategorien** zuzurechnen; herkömmlicherweise werden sie wegen des von ihnen ausgehenden Gefahrenpotenzials als Giftpflanzen bezeichnet, man könnte sie auch „giftige Heilpflanzen" nennen. Mit einem kleinen **Tafelbild** lässt sich die Überschneidung der Bedeutungsinhalte verdeutlichen.

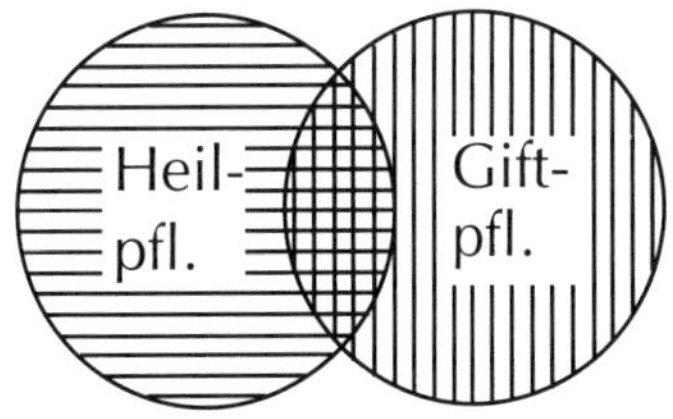

II. Dass es bei der biologischen Wirkung einer Substanz wesentlich auf die **Dosis** ankommt, hat der berühmte Arzt und Naturforscher **Paracelsus** (Theophrastus Bombastus von Hohenheim) in einem **bekannten Ausspruch** niedergelegt (siehe unten). Man kann das Zitat samt Briefmarke evtl. für die Schüler kopieren oder (vergrößert) auf Folie ziehen und projizieren.

Durch **weitere Ergänzungen** (III, IV) lässt sich das Rätsel zu einer vollen Unterrichtsstunde ausbauen.

III. Die **Wirkungen** der im Rätsel enthaltenen **Heilpflanzen** werden – evtl. mit Auswahl – zusammengestellt, weitere Beispiele und / oder wünschenswerte Wirkungen aus dem Erfahrungsbereich der Schüler (etwa durch die häusliche Behandlung einer Erkältungskrankheit oder einer Magenverstimmung) können ergänzt werden. Wichtige Wirkungen bzw. Anwendungsbereiche der 15 Heilpflanzen sind: entzündungshemmend (*Kamille, Salbei*), beruhigend (*Baldrian*), hustenlindernd (*Huflattich*), krampflösend (*Thymian*), schweißtreibend (*Holunder*), bei Atemwegserkrankungen und Verdauungsstörungen (*Spitzwegerich*), harntreibend und bei rheumatischen Erkrankungen (*Brennnessel*), das Immunsystem stimulierend sowie blutdrucksenkend (*Mistel*), vitaminhaltig (*Sanddorn*), kreislaufunterstützend (*Weißdorn*), bei Gefäßleiden (*Rosskastanie*), wundheilend (*Arnika, Ringelblume*), appetitanregend und bei Magenverstimmung (*Schafgarbe*).
Von den 15 **Giftpflanzen** haben die herzwirksamen Glykoside des Fingerhuts (des Maiglöckchens kaum noch) sowie die Alkaloide von Tollkirsche und Schlafmohn **therapeutische Bedeutung**.

IV. Häufig auftretende **Symptome bei Vergiftungen durch Pflanzenteile** werden mitgeteilt. Die Frage nach **Maßnahmen**, die auch seitens eines Laien **als erste Hilfe** in Frage kommen, schließt sich fast zwangsläufig an.
In der Fachliteratur werden u. a. Übelkeit, Erbrechen, Durchfall, Schweißausbruch, Beeinträchtigung von Herz und Kreislauf (z. B. Herzrasen, Herzrhythmusstörungen, Blutdruckabfall) sowie Störungen des Nervensystems (z. B. Unruhe, Krämpfe, Koordinationsstörungen, beschleunigte oder verlangsamte Atmung, Lähmungen, Halluzinationen, Bewusstlosigkeit) genannt.
Die **wichtigste Maßnahme** besteht darin, durch mechanische Reizung des Rachens oder Trinken größerer Mengen lauwarmen Wassers **schnellstmögliches Erbrechen herbeizuführen**. Vor Salzwasser und dem Verabreichen von Milch wird in der Fachliteratur gewarnt. Angeraten wird, zum sicheren Identifizieren der fraglichen Pflanzenteile unbedingt etwas **von dem verzehrten Pflanzenmaterial, auch vom Erbrochenen, zum Arzt oder in die Klinik mitzunehmen**.

Alle Dinge sind Gift und nichts ohne Gift; allein die Dosis macht, dass ein Ding kein Gift ist.

(Paracelsus)

Einheimisches und Tropisches
– ein Kammrätsel über Nutzpflanzen –

Trage waagrecht die 23 gesuchten Pflanzen ein. Die **Lösung**, die sich dann senkrecht ergibt, bildet die **eigentliche Überschrift** des Rätsels; stets gilt: Ä = AE, Ö = OE, Ü = UE.

1. er trägt ein beliebtes Kernobst; eine besonders bekannte Sorte heißt Williams Christ
2. der häufigste Laubbaum in unseren Wäldern
3. tropischer Baum, dessen sehr süße Früchte mit langgestrecktem Kern hier getrocknet in den Handel kommen
4. sehr alte, aus Ostasien stammende Kulturpflanze; ihre Blätter liefern ein bekanntes Getränk
5. bis 40 m hoher immergrüner Nadelbaum; er liefert begehrtes, sehr hartes Bauholz, wird bei uns als Zierbaum angepflanzt
6. er trägt die in gemäßigten Breiten häufigste Kernobstart
7. Nadelbaum, liebt sandige Böden; er liefert helles, weiches Holz, das mäßig dauerhaft ist
8. die Rinde dieses südländischen Baumes ist sehr weich und liefert ein Naturprodukt, das z. B. zu Flaschenverschlüssen, Bodenbelägen, Pinnwänden und zur Füllung von Rettungsringen verarbeitet wird
9. der häufigste immergrüne Baum unserer Wälder; er liefert wie Nr. 7 ein helles, preiswertes Bauholz
10. er ist die Futterquelle der Seidenraupen
11. der Milchsaft des im Amazonasbecken beheimateten 20 m hohen Baumes ist Grundlage zur Herstellung von Autoreifen
12. er stammt aus Mittel- und Südamerika; seine Samen sind Ausgangsstoff einer sehr beliebten Süßigkeit und eines beliebten, mit Milch zubereiteten Getränkes
13. immergrüner Baum des Mittelmeergebietes mit stark verzweigter Krone; er hat außerordentlich fettreiche, pflaumenähnliche Steinfrüchte (grün oder bläulich), aus denen Öl hergestellt wird; eingelegt schmecken sie herb
14. das schilfartige, bis 8 m hohe tropische Gras produziert ein wichtiges Nahrungsmittel
15. er liefert hartes, rötliches Tropenholz, dessen Verwendung aus Gründen des Umweltschutzes nicht mehr zu verantworten ist
16. eine beliebte Sorte von Sauerkirschen
17. die am häufigsten genutzte Pflanzenfaser
18. der Baum, der in großen Plantagen in Südostasien angebaut wird, liefert ein beliebtes, lebhaft gemustertes Tropenholz; Verwendung in der Möbelindustrie
19. tropischer Baum, dessen Früchte ein hochwertiges Fett liefern; es dient u. a. zur Margarineherstellung
20. kleiner Baum, dessen häufigste Sorte samtartig behaartes Obst trägt
21. unser wertvollster Waldbaum; er wächst langsam und liefert sehr haltbares Holz
22. tropischer Baum; die Fasern seiner Fruchthüllen werden zu Seilen und Matten verarbeitet, das innere weiße Nährgewebe des Samens ist sehr fettreich und dient zur Herstellung von Speisefett
23. kleiner, aus Afrika stammender Baum oder Strauch mit roten Früchten, deren geröstete und gemahlene Kerne ein sehr bekanntes Getränk ergeben

Aus: Neue Rätsel im Biologieunterricht, Aulis Verlag Deubner & Co KG, Köln, 2000

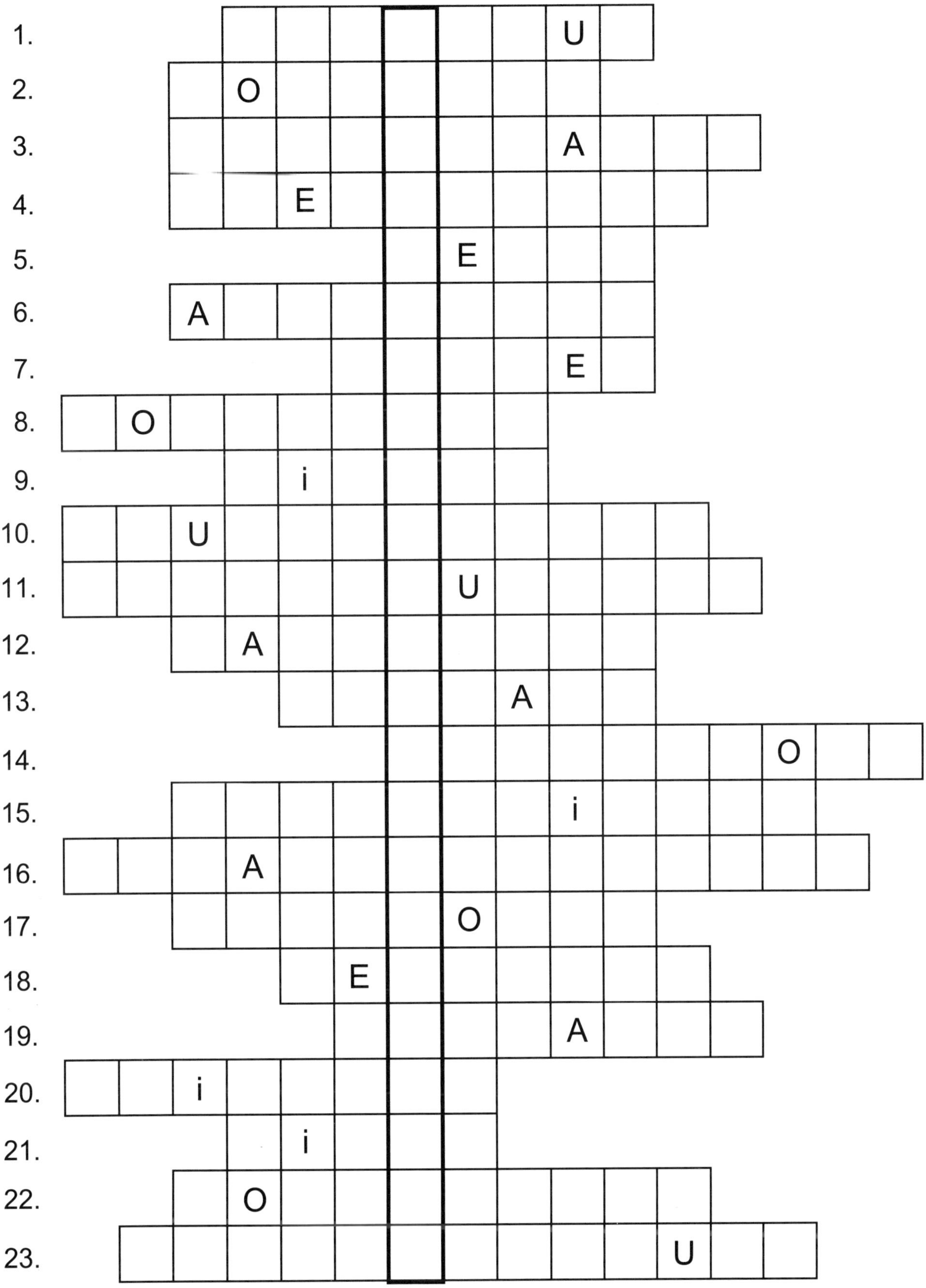
1. U
2. O
3. A
4. E
5. E
6. A
7. E
8. O
9. i
10. U
11. U
12. A
13. A
14. O
15. i
16. A
17. O
18. E
19. A
20. i
21. i
22. O
23. U

Lösung zu Rätsel 4:

1. Birnbaum, 2. Rotbuche, 3. Dattelpalme, 4. Teestrauch, 5. **Z**eder, 6. Apfelbaum, 7. Kiefer, 8. Korkeiche, 9. Fichte, 10. Maulbeerbaum, 11. Kautschukbaum, 12. Kakaobaum, 13. Oelbaum,14. **Z**uckerrohr, 15. Mahagonibaum, 16. Schattenmorelle, 17. Baumwolle, 18. Teakbaum, 19. Oelpalme, 20. Pfirsich, 21. Eiche, 22. Kokospalme, 23. Kaffeestrauch

Die Lösung lautet: NUETZLICHE HOLZGEWAECHSE

Klassenstufe:	6. - 10.
Schwierigkeitsgrad:	***
Benötigte Zeit:	15 - 20 Minuten

Weitere Hinweise:

Wo (zeitlich) die Möglichkeit besteht, ausführlicher auf Nutzpflanzen einzugehen, kann das Rätsel als **anspruchsvolle Ergänzung** herangezogen werden. Um bei den Umschreibungen der gesuchten Pflanzen Eintönigkeit zu vermeiden, wurde nur besonders Typisches oder Wichtiges oder Wissenswertes erwähnt; nicht immer werden gleichermaßen Angaben zu Aussehen, Standort, Herkunft und Verwendung gemacht.

Trotz der vorgegebenen Buchstaben hat das Rätsel einen erheblichen Schwierigkeitsgrad und eignet sich deshalb **eher für die etwas älteren Schüler**. Schüler der **Klassen 6 und 7** sollte man das Rätsel in jedem Fall **im Unterricht selbst** (nicht als Hausaufgabe) bearbeiten lassen; so können evtl. gemeinsam im Unterrichtsgespräch die Lösungen gefunden werden. Oder man gibt als **zusätzliche Hilfe noch die Anfangsbuchstaben** an, die einfachheitshalber bereits vor dem Kopieren vom Lehrer eingetragen werden. (Bei Nr. 6 ist der Anfangsbuchstabe bereits eingetragen, dort gibt man einen weiteren Vokal an; die beiden „Z" von Nr. 5 und 14 gehören gleichzeitig auch zum Lösungswort.)

Mit vier Obstbäumen (Nr. 1, 6, 16, 20) und vier Bäumen unserer Wälder (Nr. 2, 7, 9, 21) sind die einheimischen Holzgewächse im Rätsel deutlich in der Minderheit. Besonders an den nicht in unserem Klima gedeihenden Holzgewächsen wird deutlich, in wie **vielfältiger Weise** der Mensch **Pflanzenbestandteile** (Holz, Rinde, Blätter, Früchte, Samen) als **Nahrungsquelle und Rohstofflieferant** nutzt.

Mögliche inhaltliche Ergänzungen:

1. Anhand einiger heimischer wie nicht heimischer Beispiele kann man gut den **Unterschied zwischen Wildpflanze und Kulturpflanze** herausarbeiten; wünschenswerte **Zuchtziele** werden formuliert.

2. Weiterhin kann anhand des Rätsels der Gesichtspunkt der **Anpassung von Pflanzen an die jeweiligen Klimabedingungen** thematisiert werden.
   Fragen wie z. B. die folgenden bieten sich an und machen deutlich, dass das Rätsel auch fächerübergreifende Momente (Klimazonen, Vegetationsgürtel) in sich birgt:
   - Warum gedeihen bei uns weder Zuckerrohr noch Teakbaum oder Kokospalme?
   - Welche Eigenschaften befähigen unsere Bäume, den Winter zu überstehen?
   - Wie kommt Frostresistenz zustande?
   - Warum kann Frost überhaupt schaden?
   - Wie gelingt es Pflanzen, sich vor physiologischer Trockenheit und Wassserverlust im Winter zu schützen?

Rotwein, Weißwein, Branntwein, Bier

– ein Kreuzworträtsel –

Wenn Sie die gesuchten Begriffe gefunden und eingetragen haben (Ä = AE, Ö = OE, ß = SS) und dann die eingekreisten Buchstaben wie angegeben aneinander reihen, erhalten Sie als Lösung die eigentliche **Überschrift des Rätsels**; sie lautet:

__ __

a b c d e f g h i j k l m n o p q r s t u

Aus: Neue Rätsel im Biologieunterricht, Aulis Verlag Deubner & Co KG, Köln, 2000

Waagrecht:

1. allgemeine Bezeichnung für Weintrauben, die sich besonders zum Verzehr eignen, weniger dagegen zur Weinherstellung verwendet werden
2. fachsprachliche Bezeichnung für eine bestimmte Geschmacksnote des Weines
4. er wird in einem aufwendigen Oxidationsverfahren von bestimmten Bakterien aus Wein hergestellt
5. heißes, rumhaltiges Getränk
8. allgemeine Bezeichnung für (oft kleinbeerige) Trauben, die hauptsächlich der Weinbereitung dienen
9. natürlicher Bestandteil des Weins, scheidet sich mitunter in Form kleiner, heller Kristalle aus dem Wein aus
11. beispielsweise in Getreide und Kartoffeln enthaltenes, nicht vergärbares Kohlenhydrat, erst nach enzymatischer Spaltung vergärbar
13. Getreide, aus dem Arrak hergestellt wird
14. Weinbauer
15. pflanzlicher Schädling: Pilz, der die Blätter der Weinreben befällt, so dass die Blattoberflächen wie weiß gepudert aussehen und die Blätter absterben
17. Riesling und Silvaner sind bekannte, weit verbreitete europäische .... für gute bis sehr gute Weißweine
18. bereits bei einem Blutalkoholgehalt von weniger als 0,5 .... sind deutliche Störungen der Gehirnfunktionen nachweisbar
21. in der Weinkellerei die gemahlene, noch nicht gekelterte Traubenmasse, in der Bierbrauerei das mit Wasser versetzte, zerkleinerte Darrmalz
24. aus Kartoffeln hergestellter russischer Branntwein
25. Gärbehälter
26. der zu festen „Kuchen" zusammengepresste Kelterrückstand; er wird noch weiterverwertet
27. allgemeine Bezeichnung für ein aus anderen Früchten als Trauben hergestelltes, nicht destilliertes alkoholisches Getränk
29. bestimmter Zustand von Trauben, hervorgerufen durch einen Pilz, der die Schalen reifer Trauben angreift, so dass Wasser verdunstet und ein Most mit sehr hohem Zuckergehalt entsteht; der Most liefert hochwertige Dessertweine
32. Honigwein, wurde früher in ganz Europa getrunken, im Mittelalter durch Bier zurückgedrängt
33. geographische Herkunftsbezeichnung für einen hochwertigen französischen Schaumwein
35. Pflanze, deren getrocknete Blütenstände in der Bierbrauerei der Würze zugesetzt werden, wodurch diese ihren bitteren Geschmack erhält
36. Fachausdruck für Weinaroma, auch Bukett genannt
38. in der Wein-Fachsprache „Mischung"
39. allgemeine Bezeichnung für einen kleinen Bereich innerhalb eines der 13 deutschen Weinbaugebiete
40. ein Qualitätswein mit Prädikat; die Trauben werden erst in vollreifem Zustand geerntet
41. Pilze, von denen einige Arten aufgrund ihres Enzymsystems die alkoholische Gärung hervorrufen können
42. es gibt zahlreiche Alkohole, jedoch nur einen genießbaren; sein chemischer Name lautet ....
43. Bezeichnung für den zu gewerblichen Zwecken hergestellten hochprozentigen Alkohol; Herstellung durch Destillation gegorener alkoholhaltiger Flüssigkeiten oder synthetisch aus Ethen und Wasser
44. Wein von hoher Süße, die hochreifen Trauben werden in gefrorenem Zustand geerntet und gekeltert; das Verfahren wurde 1880 durch Zufall entdeckt

Senkrecht:

1. vergärbarer Inhaltsstoff von Fruchtsäften
3. sie verleihen Rotwein den herben Geschmack
4. Getränk, das aus hellem Traubensaft durch alkoholische Gärung gewonnen wird
6. Rohstoff für die Bierherstellung; verwendet werden Kultursorten mit hohem Stärkegehalt und guter Keimfähigkeit
7. durch Enzyme hervorgerufener, anaerober Abbau von Kohlenhydraten
9. sehr alte Kulturpflanze, Traubenlieferant
10. jedes aus gegorener, alkoholhaltiger Flüssigkeit durch Destillation gewonnene Getränk; wichtigste Ausgangsmaterialien sind stärkehaltige Rohstoffe (Kartoffeln, Getreide), Wein und Obstwein
12. Bezeichnung für eine der drei Weinklassen, in die deutsche Weine aufgrund des Weingesetzes von 1971 eingeteilt werden
16. Verfahren der Fassbehandlung gegen weinschädigende Mikroorganismen
19. Traubenernte
20. für Frankenweine typische bauchig-runde, flache Flaschenform
22. Bezeichnung für aus Getreide (Roggen, Hafer, Weizen, Gerste) als stärkehaltigem Rohstoff hergestellte, hochprozentige alkoholische Getränke
23. Bezeichnung für die öligen, giftigen Gemische aus verschiedenen höheren Alkoholen, die bei der alkoholischen Gärung als Nebenprodukte entstehen und einen unangenehmen, hustenreizenden Geruch besitzen
27. das in Deutschland in Grad .... angegebene Mostgewicht ist ein Maß für den Zuckergehalt im Fruchtsaft und zugleich ein Anhaltspunkt für den zu erwartenden Alkoholgehalt im zukünftigen Wein
28. Insekt, gefährlicher Weinbauschädling; in seinem gefährlichsten Stadium befällt er die Wurzeln der Weinreben, weswegen die Europäerreben heute auf gegen ihn widerstandsfähige Unterlagen gepfropft werden
30. Trocknungsanlage, beispielsweise für Hopfendolden und Grünmalz
31. die Maische für diesen Wein verweilt längere Zeit in Gärbottichen, wodurch sich Farb- und Gerbstoffe aus der Beerenhaut lösen
34. gekeimte Gerste, in der sich das Stärke abbauende Ferment Amylase gebildet hat
37. Traubensaft, Ergebnis des Keltervorganges, wird anschließend vergoren

Aus: Neue Rätsel im Biologieunterricht, Aulis Verlag Deubner & Co KG, Köln, 2000

Lösung zu Rätsel 5:

Waagrecht: 1. Tafeltrauben, 2. erdig, 4. Weinessig, 5. Grog, 8. Keltertrauben, 9. Weinstein, 11. Staerke, 13. Reis, 14. Winzer, 15. Mehltau, 17. Rebsorten, 18. Promille, 21. Maische, 24. Wodka, 25. Fass, 26. Trester, 27. Obstwein, 29. Edelfaeule, 32. Met, 33. Champagner, 35. Hopfen, 36. Blume, 38. Verschnitt, 39. Lage, 40. Spaetlese, 41. Hefen, 42. Ethanol, 43. Spiritus, 44. Eiswein

Senkrecht: 1. Traubenzucker, 3. Gerbstoffe, 4. Weisswein, 6. Gerste, 7. Gaerung, 9. Weinstock, 10. Branntwein, 12. Tafelwein, 16. Schwefeln, 19. Lese, 20. Bocksbeutel, 22. Korn, 23. Fuseloele, 27. Oechsle, 28. Reblaus, 30. Darre, 31. Rotwein, 34. Malz, 37. Most

Die Überschrift lautet: ALKOHOLISCHE GETRAENKE

Klassenstufe:	Sekundarstufe II (Jahrgang 11 + 12)
Schwierigkeitsgrad:	***
Benötigte Zeit:	25 - 30 Minuten

Weitere Hinweise:

Die im Rätsel gesuchten Begriffe lassen sich im Wesentlichen den folgenden Gesichtspunkten zuordnen:

* **Weinbau** (z. B. Winzer, Lese, Lage, Rebsorten, Keltertrauben, Reblaus, Mehltau);
* **Arten / Qualitäten von Wein** (z. B. Weißwein, Rotwein, Gerbstoffe, Spätlese, Edelfäule, Eiswein, Tafelwein, Blume, Verschnitt, Obstwein);
* **Herstellung alkoholhaltiger Getränke** (z. B. Most, Öchsle, Trester, Schwefeln; Gerste, Malz, Maische, Hopfen; Spiritus, Branntwein, Korn, Wodka);
* **Alkoholische Gärung** (z. B. Stärke, Traubenzucker, Gärung, Hefen, Ethanol, Fuselöle).

Das Rätsel ist nicht nur wegen der **Zahl der Fragen**, sondern auch wegen ihrer **Art** sehr umfangreich, denn die Umschreibungen der gesuchten Fachtermini und anderer zum Thema gehörender Begriffe enthalten neben den eigentlichen Fragen häufig noch **zusätzliche Informationen** und sind dadurch hier und da recht lang; deshalb sollte man den Schülern bei der Beschäftigung mit dem Kreuzworträtsel auch unbedingt genügend Zeit lassen, um diese Angaben gründlich lesen zu können.

Das Rätsel ist zur Ergänzung und als Auflockerung des Kursthemas **Stoffwechselphysiologie** gedacht, könnte aber auch im Rahmen eines **Themas ökologischer Art** genutzt werden. Besonders geeignet ist es für einen (fächerübergreifenden) **Projektunterricht**, der die oben genannten Aspekte zum Inhalt hat. An Projekttagen, die meist kurz vor den Ferien liegen, kann man es gut im Unterricht selbst bearbeiten lassen, sonst wegen der langen Bearbeitungszeit besser als **Hausaufgabe**. Wenn die Schüler das Rätsel als Hausaufgabe lösen sollen, ist die Benutzung des Chemie-Lehrbuches empfehlenswert, die Verwendung eines Lexikons von Vorteil. Die bereits eingetragenen Buchstaben sind eine erhebliche Hilfe und verringern den zum Lösen erforderlichen Zeitbedarf deutlich.

Die **gesundheitliche Dimension des Themas Alkohol** sollte in jedem Fall zur Sprache kommen, wenn das Rätsel fertig gelöst ist. Eine Warnung vor Alkoholmissbrauch kann in Anknüpfung an die Antwort „Promille" (Nr. 18 waagrecht) erfolgen. Es wird auf die **kurz- und langfristigen Folgen** des (verstärkten) Alkoholkonsums hingewiesen, die von Enthemmung und Überschätzung der eigenen Fähigkeiten (Alkohol + Straßenverkehr!!) über Wahrnehmungsstörungen, Koordinationsstörungen und Rauschzustand bis hin zu Organschäden sowie körperlicher und psychischer Abhängigkeit reichen. Ob bzw. wie weit hierzu pathophysiologische Ergänzungen angebracht sind, hängt von der Art des Kurses ab, vielleicht können sie in einem sehr motivierten Leistungskurs verstanden werden.

Der Fehlerteufel hat zugeschlagen

– eine Fehlersuche –

Jeweils 4 der 5 in einer Spalte zusammengefassten Pflanzen oder Pflanzenteile besitzen eine Gemeinsamkeit; dies kann z. B. die gleiche Farbe sein oder ein gemeinsamer Bauplan oder ... oder ...
Finde die jeweilige Gemeinsamkeit heraus und trage sie ein! Welches Beispiel gehört nicht zu den anderen?

1. Krokus Osterglocke Schneeglöckchen Primel Tulpe **Gemeinsamkeit:** .... **Es passt nicht:**	**2.** Gänseblümchen Veilchen Aster Sonnenblume Margerite **Gemeinsamkeit:** .... **Es passt nicht:**	**3.** Kamille Fingerhut Maiglöckchen Herbstzeitlose Tollkirsche **Gemeinsamkeit:** .... **Es passt nicht:**	**4.** Löwenzahn Hahnenfuß Schlüsselblume Sonnenblume Vergissmeinnicht **Gemeinsamkeit:** .... **Es passt nicht:** ....
5. Roggen Weizen Erbsen Hafer Mais **Gemeinsamkeit:** .... **Es passt nicht:**	**6.** Farne Moose Pilze Gräser Algen **Gemeinsamkeit:** .... **Es passt nicht:**	**7.** Steinpilz Champignon Pfifferling Fliegenpilz Butterpilz **Gemeinsamkeit:** .... **Es passt nicht:**	**8.** Hülsenfrüchte Klettfrüchte Flugfrüchte Lockfrüchte Ameisenfrüchte **Gemeinsamkeit:** .... **Es passt nicht:** ....
9. Tanne Fichte Kiefer Zeder Lärche **Gemeinsamkeit:** .... **Es passt nicht:**	**10.** Tanne Fichte Ahorn Lärche Eibe **Gemeinsamkeit:** .... **Es passt nicht:**	**11.** Eiche Rotbuche Weißbirke Kokospalme Linde **Gemeinsamkeit:** .... **Es passt nicht:**	**12.** Buchecker Weidenkätzchen Eichel Haselnuss Rosskastanie **Gemeinsamkeit:** .... **Es passt nicht:** ....

Aus: Neue Rätsel im Biologieunterricht, Aulis Verlag Deubner & Co KG, Köln, 2000

Lösung zu Rätsel 6:

Päckchen	Gemeinsamkeit / Überschrift	Es gehört nicht dazu
Nr. 1	Zwiebelpflanzen	Primel
Nr. 2	Korbblütler	Veilchen
Nr. 3	Giftpflanzen	Kamille
Nr. 4	ENTWEDER: Pflanzen mit gelben Blüten	Vergissmeinnicht
	ODER: einheimische Wildpflanzen	Sonnenblume
Nr. 5	Getreide	Erbsen
Nr. 6	ENTWEDER: Pflanzen mit Chlorophyll	Pilze
	ODER: blütenlose Pflanzen	Gräser
Nr. 7	genießbare Pilze	Fliegenpilz
Nr. 8	Verbreitungsarten von Früchten	Hülsenfrüchte
Nr. 9	ENTWEDER: immergrüne Nadelbäume	Lärche
	ODER: einheimische Nadelbäume	Zeder
Nr. 10	Nadelbäume	Ahorn
Nr. 11	einheimische Laubbäume	Kokospalme
Nr. 12	Früchte / Samen	Weidenkätzchen

Klassenstufe: 7. - 9.
Schwierigkeitsgrad: **
Benötigte Zeit: 10 Minuten

Weitere Hinweise:

Fehler zu suchen **reizt** Schüler; dem wird in der hier vorliegenden Rätselform Rechnung getragen. Dass die Schüler dabei gleichzeitig **das Ordnen der Pflanzen nach verschiedenartigen Kategorien** üben, was wiederum ihr logisches Denken schult, ist ein erwünschter Nebeneffekt. Bei manchen „Päckchen" sind Gemeinsamkeit und Ausnahme sehr leicht zu finden, bei anderen gelingt es den Schülern unter Umständen nur mit etwas Hilfe. In drei Fällen (Nr. 4, 6, 9) ist jeweils noch eine zweite Lösung möglich, was aber nicht immer entdeckt wird. Das Rätsel eignet sich besonders zu einer **aufgelockerten Unterrichtsstunde kurz vor Ferienbeginn**, denn:

Durch **Abwandeln der Päckchen** kann man, wenn es die Zeit erlaubt, zahlreiche weiter Beispiele herstellen (lassen) – **einfache und schwierige, auch verzwickte** z. B. solche, zu denen es mehrere Lösungen gibt, auch solche, die überhaupt nicht lösbar sind. Wenn die Schüler ihrerseits derartig abgeänderte oder vielleicht ganz neue Zusammenstellungen erarbeiten möchten, was häufig der Fall ist, sollte man sie auf die genannten Schwierigkeiten und Möglichkeiten hinweisen – und die jeweilige Ausnahme sollte nicht auf Anhieb zu erkennen sein.

Vorschläge für geänderte Päckchen, die der Lehrer zur Diskussion stellen kann:

Päckchen 1: statt *Primel* soll es *Anemone heißen*; die **Überschrift bleibt** wie bisher, die **neue Ausnahme** ist nun die Anemone

Päckchen 1: statt *Tulpe* soll es *Anemone* heißen; so ist die Aufgabe **nicht lösbar**, weil keine Ausnahme zu finden ist

Päckchen 1: statt *Tulpe* soll es *Margerite* heißen; die **neue Überschrift** lautet: „Frühblüher", die **neue Ausnahme** ist jetzt die Margerite

Päckchen 3: statt *Tollkirsche* soll es *Aronstab* heißen; Überschrift und Ausnahme **bleiben wie bisher**

Päckchen 3: statt *Kamille* soll es *Aronstab* heißen; so ist keine Ausnahme mehr vorhanden, das Beispiel ist somit **nicht lösbar**

Nützlich – Schädlich – Gefährlich

– ein Kammrätsel über Pilze –

Wenn du senkrecht alle Antworten eingetragen hast, kannst du waagrecht als **Lösungswort** den **Namen eines äußerst giftigen Pilzes** ablesen (Ä = AE, Ö = OE, Ü = UE).

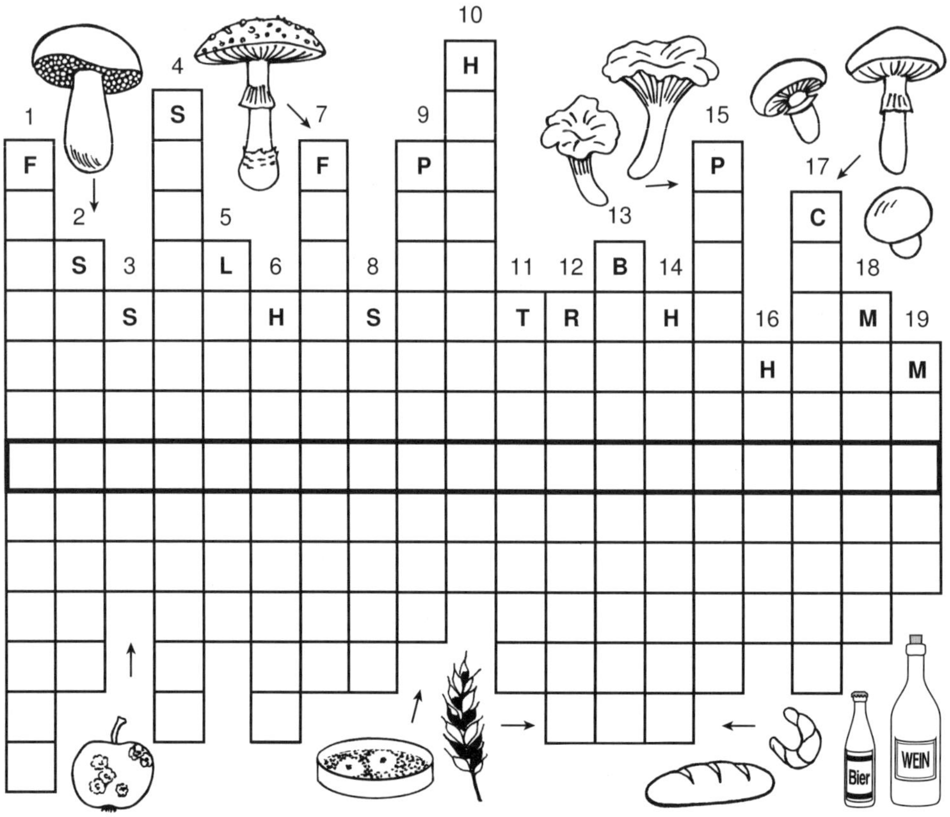

1. Teil des Pilzes, den der Pilzsucher sammelt
2. einer der bekanntesten Speisepilze unserer Laub- und Nadelwälder, Röhrenpilz mit braunem Hut
3. Schädling, befällt Blätter und Früchte von Apfel- und Birnbäumen, ruft schwarze Flecken hervor
4. Gruppe von Pilzen, deren Vertreter einerseits Lebensmittel wie z. B. Brot, Käse, Obst, Marmelade befallen und ungenießbar machen können, zu der aber auch Arten von hohem Nutzen zählen
5. blattartige Gebilde auf der Unterseite des Hutes zahlreicher Pilze, Träger der Sporen
6. kreisförmige Anordnung von „Pilzen", die durch die nach allen Seiten hin gleichmäßige Ausbreitung des unterirdischen Pilzgeflechtes entsteht
7. der bekannteste Giftpilz, hat einen leuchtend roten Hut mit weißen Flocken, Lamellenpilz
8. Lebensgemeinschaft zwischen verschiedenartigen Lebewesen zu beiderseitigem Vorteil (z. B. zwischen Pilzen und Bäumen)
9. das bekannteste Antibiotikum, von Fleming entdeckt, wird von einem Schimmelpilz produziert
10. gefürchteter Schädling, der sich in feuchten Räumen entwickelt und Holz und Mauerwerk zerstört
11. begehrter Speisepilz (Delikatesse), unterirdisch wachsender knolliger Fruchtkörper, wird von abgerichteten Hunden oder Schweinen aufgespürt
12. Gruppe gefürchteter Getreideschädlinge
13. Substanz, die allen Pilzen fehlt (weswegen sie heterotroph sind)
14. Gruppe von Pilzen, deren Vertreter z. B. beim Backen und bei der Herstellung alkoholischer Getränke eine Rolle spielen
15. beliebter Speisepilz von charakteristischem Geschmack, gelber Lamellenpilz mit gelapptem Hut und weit in den Stiel hinablaufenden Leisten
16. Fachausdruck für die weißen Zellfäden der Pilze
17. geschätzter Speisepilz, wird in großem Umfang gezüchtet, Lamellenpilz mit weißem Hut und je nach Alter unterschiedlich getönten Lamellen
18. Schädling, befällt Kulturpflanzen, z. B. Weinreben und Rosen, so dass die Blätter wie weiß gepudert aussehen und absterben
19. Fachausdruck für das weit verzweigte Fadengeflecht der Pilze

Aus: Neue Rätsel im Biologieunterricht, Aulis Verlag Deubner & Co KG, Köln, 2000

Lösung zu Rätsel 7:

1. Frucht**k**oerper, 2. Stei**n**pilz, 3. Sch**o**rf, 4. Schimme**l**pilze, 5. Lame**l**len, 6. Hex**e**nring, 7. Fliege**n**pilz, 8. Sym**b**iose, 9. Penici**l**lin, 10. Hausschw**a**mm, 11. Tru**e**ffel, 12. Ros**t**pilze, 13. Blat**t**gruen, 14. Hef**e**pilze, 15. Pfiffe**r**ling, 16. Hy**p**hen, 17. Champ**i**gnon, 18. Meh**l**tau, 19. My**z**el

Lösungswort: KNOLLENBLAETTERPILZ

Klassenstufe: 7. - 10.
Schwierigkeitsgrad: * bis **
Benötigte Zeit: 10 Minuten

Weitere Hinweise:

Pilze und Pilzsporen sind ubiquitär; im Biologieunterricht kommt dem Reich der Pilze jedoch kaum eine Bedeutung zu. Sollen „Die Pilze" nicht als **eigenständiges Thema** behandelt werden, wovon schon aus Zeitgründen auszugehen ist, so kann doch einiges besonders Charakteristische gut als Ergänzung im Rahmen einer Unterrichtsreihe über den **„Wald als Ökosystem"** oder im Zusammenhang mit dem Thema **„Nahrungsmittel"** zur Sprache kommen. In jedem Fall lässt sich anhand des Rätsels **Neues erarbeiten** oder – evtl. als Hausaufgabe – das zuvor Erarbeitete **wiederholen**.

Das Rätsel bündelt

* einige **einfache Fragen** zur **Morphologie und Lebensweise** von Pilzen (Nr. 1, 5, 6, 8, 13, 16, 19)
* mit **Beispielen** bekannter **Großpilze** (Nr. 2, 7, 11, 15, 17)
* und einer Reihe nützlicher bzw. schädlicher **Kleinpilze** (Nr. 3, 4, 9, 10, 12, 14, 18).

Vier der fünf erfragten Großpilze sind *oberhalb* des Rasters abgebildet; zu den Kleinpilzen befinden sich *unterhalb* des Rasters einige Abbildungen, denen die Schüler nicht ohne weiteres entnehmen können, was sie mit dem Thema „Pilze" zu tun haben – das ist beabsichtigt und soll neugierig machen. Nach komplizierten Sachverhalten und selteneren Pilzen wird im Rätsel nicht gefragt.

Das **Lösungswort** nennt einen der giftigsten Pilze. Es sollte unbedingt erwähnt werden, dass die verschiedenen Knollenblätterpilze von unkundigen Sammlern leicht mit ähnlich aussehenden, genießbaren Pilzen verwechselt werden können. Ganz allgemein sollte man im Zusammenhang mit dem Lösungswort auf das **hohe Risiko jeglichen Pilze-Sammelns** hinweisen. (Sichere Methoden oder Tricks zur Unterscheidung zwischen giftigen und ungiftigen Pilzen gibt es entgegen landläufiger Meinung nicht.) Dass Pilze außer Vergiftungen auch Infektionen hervorrufen können und Pilzsporen Allergien, wird im Rätsel nicht erwähnt.

Den **Schwierigkeitsgrad** des Rätsels kann man dadurch variieren und so dem Alter und etwaigen Vorkenntnissen der Schüler anpassen, dass man es je nach Bedarf **mit oder ohne Anfangsbuchstaben** anbietet. (Die Anfangsbuchstaben löscht man gegebenenfalls auf einer ersten Kopie und benutzt diese dann als weitere Kopiervorlage.)

Erkennen und benennen

– ein Silbenrätsel über große und kleine Säugetiere hier und andernorts –

Trage die Namen der 30 beschriebenen heimischen und nicht heimischen, wild lebenden Säugetiere ein und vergiss nicht, die verwendeten Silben stets durchzustreichen; zum Schluss darf keine Silbe übrig bleiben.
Wenn du anschließend die gesuchten Buchstaben deiner Antworten jeweils der Reihe nach von oben nach unten liest, erfährst du, wodurch sich Säugetiere auszeichnen.

---

ar ben blau bock chen chen chen del der der e eich

fant faul fe feld fer fi fle ga ge gel gi gu gu hirsch horn hörn hund

i il ja ka kän le le mäu maul maus maus meer nas ne nil nin

pan pard pel pferd ra raf rat ren rot ru

schim schlä schwein schwein se se see sie spitz stein

te tier tier tier tis tram wal wan wild wurf zeb zel

---

1. afrikanische Raubkatze mit geflecktem Fell, Steppentier, das schnellste Säugetier, erreicht über kurze Strecken 70 bis 100 km/h .... 1 = ... 6 = ...
2. Paarhufer, Pflanzenfresser mit massigem Körperbau, bewohnt afrikanische Gewässer .... 3 = ... 2 = ...
3. Insektenfresser, fliegen nachts, orientieren sich mit Ultraschall .... 3 = ... 5 = ...
4. Erdmarder, frisst hauptsächlich Mäuse und andere Kleinsäuger, schläft tagsüber sehr fest .... 1 = ... 4 = ...
5. Nagetier mit buschigem Schwanz und meist rotbraunem Fell, geschickter Kletterer .... 3 = ... 4 = ...
6. großer, plumper Dickhäuter tropischer Urwälder und Steppen, Pflanzenfresser, besitzt je nach Art zwei unpaare Hörner oder nur ein Horn, heißt auch Rhinozeros .... 4 = ... 6 = ...
7. besonders widerstandsfähiges Nagetier mit hoch entwickeltem Sozialverhalten, Allesfresser; Zuchtformen als Labortiere und Haustiere .... 1 = ... 5 = ...
8. große Raubkatze Mittel- und Südamerikas, Fell mit ringförmigen Flecken, hervorragender Kletterer .... 2 = ... 1 = ...
9. australisches Beuteltier, kann bis zu 12 m weite Sprünge ausführen .... 6 = ... 5 = ...
10. der mit uns am nächsten verwandte Menschenaffe, lebt in den Urwäldern Afrikas .... 5 = ... 8 = ...
11. stacheliger Insektenfresser .... 3 = ... 2 = ...

Aus: Neue Rätsel im Biologieunterricht, Aulis Verlag Deubner & Co KG, Köln, 2000

12. Bilch, bekannt für seinen langen Winterschlaf .... 4 = ... 3 = ...
13. Meeressäuger, schnelle, wendige, gelehrige kleinere Zahnwale .... 2 = ... 6 = ...
14. südamerikanisches Nagetier; Zuchtformen bei uns sehr beliebte Haustiere .... 7 = ... 1 = ...
15. kleiner als Hase, hat auch kürzere Ohren, lebt in unterirdischen Bauten; zahlreiche Zuchtformen als Haustiere .... 2 = ... 4 = ...
16. großes, graues Rüsseltier mit zu Stoßzähnen ausgebildeten oberen Schneidezähnen, je nach Art indischer bzw. afrikanischer Urwald- oder Steppenbewohner .... 5 = ... 7 = ...
17. Kleinsäuger mit schwarzem, samtartigem Fell, lebt im Boden .... 7 = ... 1 = ...
18. kleines Raubtier (kein Nagetier!), Insektenfresser, fast ununterbrochen auf Nahrungssuche .... 4 = ... 3 = ...
19. großes, genügsames Huftier asiatischer Wüsten, hat zwei Höcker als Fettreserve, Kamelart .... 6 = ... 7 = ...
20. einheimischer Waldbewohner, hat dichtes schwarzbraunes, borstiges Fell, suhlt sich gern .... 1 = ... 6 = ...
21. das stattlichste heimische Großwild .... 5 = ... 4 = ...
22. bewohnt südamerikanische Wälder, Pflanzenfresser, hängt in Bäumen und bewegt sich nur träge, hat sichelförmige Krallen .... 8 = ... 2 = ...
23. Meeressäuger, das größte Tier, das es je gab, wird bis 30 m lang .... 1 = ... 4 = ...
24. Bodenbewohner, Nagetier, ernährt sich von Getreidekörnern und Graswurzeln, Ernteschädling .... 2 = ... 1 = ...
25. Steppentier, schlanke, anmutige Antilopenart .... 5 = ... 3 = ...
26. Wildziege der Alpen, klettert und springt hervorragend, Männchen hat mächtige Hörner .... 2 = ... 4 = ...
27. Steppentier Afrikas, hat lange, dünne Beine und einen sehr langen Hals, Pflanzenfresser .... 2 = ... 7 = ...
28. die bekannteste Robbe, typisch das heisere Bellen .... 2 = ... 4 = ...
29. schwarz-weiß gestreifter Verwandter des Pferdes, Steppentier .... 4 = ... 2 = ...
30. Kälte liebender Hirsch der Tundren und nördlichen Waldgebiete Eurasiens und Amerikas, auch die Weibchen tragen ein Geweih .... 2 = ... 3 = ...

Säugetiere sind ____________________ , ____________ ______________ ,

____ ______ ____________ ______ ________ ____________ .

Ein Bestimmungsschlüssel für die einheimischen Hirscharten

Welche Tiere sind abgebildet?

1 a **Schnauze** groß, stumpf, langgezogen, **Oberlippe** überhängend .... weiter bei **2**
– b Schnauze eher klein und spitz, Oberlippe nicht überhängend .... weiter bei **3**

2 a **Geweih** groß, schaufelförmig, viele Spitzen .... Elch (m)
– b kein Geweih .... Elch (w)

3 a **Fell** am Rücken und seitlich weiß gefleckt .... weiter bei **4**
– b Fell nicht gefleckt .... weiter bei **5**

4 a **Geweih** schaufelförmig .... Damhirsch (m)
– b kein Geweih .... Damhirsch (w)

5 a mit **Geweih** .... weiter bei **6**
– b ohne Geweih .... weiter bei **8**

6 a **Geweih** klein, Länge unter 30 cm, Stangen gerade und nahe beieinander liegend, höchstens drei Spitzen pro Stange .... Reh (m)
– b Geweih groß, weit auseinander ragend, mehr Spitzen .... weiter bei **7**

7 a **Geweihstangen** nach hinten ragend .... Rothirsch (m)
– b Geweihstangen im Bogen wieder nach vorn ragend, manche Sprosse schaufelförmig .... Rentier (m/w)

8 a **Schnauzenspitze** schwarz, **Schulterhöhe** 65 - 75 cm .... Reh (w)
– b nur Nase schwarz, Schulterhöhe 120 - 150 cm .... Rothirsch (w)

Aus: Neue Rätsel im Biologieunterricht, Aulis Verlag Deubner & Co KG, Köln, 2000

Lösung zu Rätsel 8:

1. Gepard, 2. Nilpferd, 3. Fledermäuse, 4. Iltis, 5. Eichhörnchen, 6. Nashorn, 7. Wanderratte, 8. Jaguar, 9. Känguru, 10. Schimpanse, 11. Igel, 12. Siebenschläfer, 13. Delfine, 14. Meerschweinchen, 15. Kaninchen, 16. Elefant, 17. Maulwurf, 18. Spitzmaus, 19. Trampeltier, 20. Wildschwein, 21. Rothirsch, 22. Faultier, 23. Blauwal, 24. Feldmaus, 25. Gazelle, 26. Steinbock, 27. Giraffe, 28. Seehund, 29. Zebra, 30. Rentier

Die Lösung lautet: Säugetiere sind GLEICHWARME, BEHAARTE WIRBELTIERE, DIE IHRE JUNGEN MIT MILCH AUFZIEHEN.

Klassenstufe: 7. - 10.
Schwierigkeitsgrad: ** bis ***
Benötigte Zeit: 25 - 30 Minuten

Weitere Hinweise:

Das Silbenrätsel über „große und kleine Säugetiere hier und andernorts" führt den Schülern das **breite Spektrum** dieser Wirbeltierklasse vor Augen. Zur jeweiligen Charakterisierung werden unterschiedliche Kriterien herangezogen – das können auffällige Körpermerkmale sein oder besonders erstaunliche Leistungen, charakteristische Verhaltensweisen oder Verwandtschaftsbeziehungen, auch bestimmte Lebensräume oder Verbreitungsgebiete. Als Ergebnis erhalten die Schüler im Stil eines Merksatzes eine **Definition von „Säugetier"**.

Sollte es das erste Silbenrätsel sein, das die Schüler bearbeiten, sind einige **Bemerkungen zur Vorgehensweise** angebracht: Es ist wichtig, die verwendeten Silben konsequent auszustreichen, denn dann kann man durch Kombination der restlichen Silben die bis zum Schluss offen gebliebenen Fragen meist leicht beantworten. Die Silben werden wegen eventuell erforderlicher Korrekturen mit Bleistift durchgestrichen.

In der Unterrichtsstunde wird man das Rätsel wegen seines erheblichen Umfangs nur lösen lassen, wenn es sich um eine „besondere" Stunde handelt, z. B. die letzte Stunde vor Ferienbeginn oder auch eine Vertretungsstunde bei fremden Schülern. Ansonsten bietet sich das Rätsel als Hausaufgabe an. Es lässt sich inhaltlich jederzeit in eine Unterrichtsreihe über Säugetiere einfügen.

Ergänzungsvorschlag zum Rätsel: Da sich fast zwangsläufig die Frage stellt, wie man den Namen eines Tieres ermittelt, wenn man nicht irgendwelche Anhaltspunkte hat (wie z. B. hier im Rätsel die vorgegebenen Silben), kann man das Rätsel zum Anlass nehmen, die Schüler **in die Benutzung eines Bestimmungsschlüssels einzuführen**.

Selbst einfache Bestimmungsbücher wirken kompliziert und schrecken Schüler schnell ab, auch sind geeignete Bestimmungsbücher nicht immer in Klassenstärke vorhanden. Deshalb wird ergänzend zum Rätsel und ausgehend von den Fragen Nr. 21 und Nr. 30 **ein einfacher Schlüssel zur Bestimmung der einheimischen Hirscharten** angeboten. Der Schlüssel ist auf das didaktisch notwendige (und wissenschaftlich noch vertretbare) Maß reduziert und basiert im Wesentlichen auf Merkmalen von Kopf und Geweih. Weitere Charakteristika wie etwa der weiße Spiegel des Rehwilds oder die breiten Hufe und spreizbaren Zehen des Rentiers werden nicht erwähnt, weil hier nicht erforderlich; bei Punkt 8 sind die Schulterhöhen ergänzend angegeben. – Man kann evtl. anschließend auf der Basis des Bestimmungsschlüssels zusammenstellen, welches nun typische Merkmale des Rehwilds, des Damwilds, des Rentiers usw. sind und diese Merkmale dann durch weitere ergänzen; dass auch das weibliche Ren ein Geweih trägt, geht bereits aus dem Bestimmungsschlüssel hervor.

Ziel ist es, zu allen Abbildungen die Namen zu finden. Das erste Beispiel wird gemeinsam gelöst, die anderen Abbildungen bearbeiten die Schüler dann selbstständig.

Ergebnis: **A**: Reh (m), **B**: Elch (w), **C**: Damhirsch (m), **D**: Reh (w), **E**: Rentier (m/w), **F**: Rothirsch (m), **G**: Rothirsch (w), **H**: Elch (m), **I**: Damhirsch (w).

Der Rätselfisch

– ein Kammrätsel über einheimische Fische –

(Er)kennst du die 17 beschriebenen Fische? Einige von ihnen sind zusätzlich auch abgebildet. Wenn du alle gesuchten Fischnamen senkrecht eingetragen hast, kannst du waagrecht als **Lösungswort** den Namen eines vor über 100 Jahren aus Nordamerika nach Europa eingeführten **Süßwasserfisches** ablesen; der Fisch verdankt seinen Namen einem breiten rötlichen, von grünen und blauen Tönen gesäumten Band entlang der Seitenlinie.

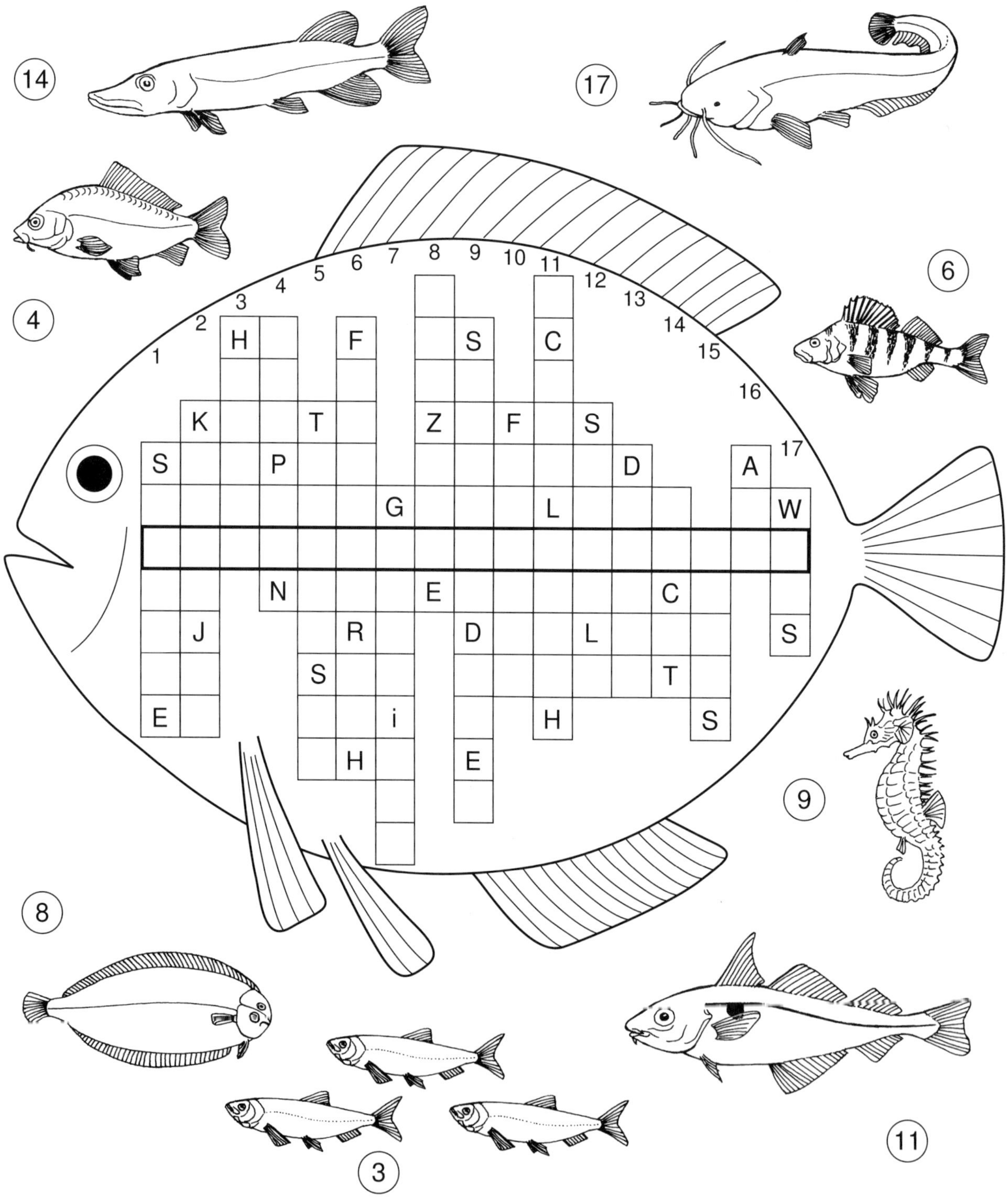

Aus: Neue Rätsel im Biologieunterricht, Aulis Verlag Deubner & Co KG, Köln, 2000

1. **Meeresfisch**, wie Sardelle und Sprotte ein ca. 15 cm langer Verwandter des Herings, lebt entlang der west- und südeuropäischen Küsten; bekannter Speisefisch (kommt z. B. in Olivenöl eingelegt als Konserve in den Handel)

2. unser wichtigster Speisefisch, großer räuberischer **Meeresfisch**, wird bis 1,5 m lang; Schwarmfisch, Vorkommen hauptsächlich im nördlichen Atlantik

3. kleinerer **Meeresfisch** der oberen Wasserschichten, silberhelle Bauchseite, schwarmbildender Friedfisch; der wichtigste europäische Nutzfisch

4. **Süßwasserfisch**, Lebensraum: stehende Gewässer, wird in Teichen gezüchtet, beliebter Speisefisch (Sylvester); Wildform sehr selten geworden

5. bis zu 5 m langer **Meeresfisch,** kommt in allen warmen und gemäßigt-warmen Meeren vor, auch z. B. im Mittelmeer und der Nordsee; Fleisch von sehr charakteristischem Geschmack

6. Raubfisch in **Flüssen, Bächen und Seen**, tritt meist in kleinen Trupps auf; wird bis zu 40 cm lang und hat mehrere senkrechte, schwarze Streifen; Speisefisch

7. aus China stammender, beliebter **Zierfisch** in Aquarien und Gartenteichen

8. **Meeresfisch, Plattfisch** mit ovalem Körperumriss, Schnauze nicht vorspringend, rechtsäugig

9. kleiner **Meeresfisch** mit charakteristischem Aussehen: Kopf senkrecht zum Körper gebogen; Kopf-, Rumpf- und Schwanzschilder tragen Zacken; Männchen brüten die Eier in einem Beutel aus; die einheimische Art vom Mittelmeer bis in die Nordsee verbreitet

10. **Plattfisch** („platt wie eine ..."), linksäugig, heißt auch Butt, kann in **Süß- und Salzwasser** leben

11. Verwandter des Kabeljau, **Meeresfisch,** kommt in Nord- und Ostsee vor, nach dem Kabeljau unser wichtigster Nutzfisch

12. **Meeresfisch**, gefleckter **Plattfisch**, rechtsäugig

13. **Meeresfisch**, Name des jungen Kabeljau, auch Bezeichnung für die kleinere Ostseeform des Kabeljau, wichtiger Nutzfisch; aus seiner Leber (auch der Leber von Nr. 2 und Nr. 11) wird Lebertran gewonnen

14. **Süßwasserfisch**, schlanker, großer Raubfisch mit schnabelähnlicher Schnauze, bewohnt die Uferregion von Flüssen und Seen („der ... im Karpfenteich"); Speisefisch

15. bis zu 1,5 m langer **Wanderfisch**, schwimmt zum Laichen vom Meer bis in die Quellgebiete der Flüsse, ist mit den Forellen verwandt; begehrte Delikatesse, wird in riesigen Netzbeuteln und in den Fjorden Skandinaviens gezüchtet, hat grätenfreies Fleisch von typischer (rötlicher) Färbung

16. schlangenförmiger **Wanderfisch**, zieht zum Laichen flussabwärts ins Meer, um in der Sargasso-See (Westatlantik) zu laichen; wird bis zu 1 m lang, teurer Speisefisch

17. der größte einheimische Fisch, kann 3 m lang werden, kommt am Grund größerer **Flüsse und Seen** vor; besonders auffällig: seine Barteln

9 Schülerseite (Ergänzung)

DER KÖRPERBAU DER FISCHE weist einige charakteristische Merkmale auf – kennst du sie? Trage deine Antworten an den passenden Stellen in das Rätselgitter ein (Ä = AE). Die Buchstaben in den markierten Feldern benennen, wenn du sie richtig sortierst, als **Lösungswort** ein **Geschmackssinnesorgan** mancher Fische.

- Nr. ◯ Verknöcherungen in der oberen Hautschicht
- Nr. ◯ Organ des Ferntastsinns
- Nr. ◯ bewegliche äußere Körperteile
- Nr. ◯ mit Luft gefülltes Organ
- Nr. ◯ dünne Knochen ohne Verbindung mit der Wirbelsäule
- Nr. ◯ Atmungsorgan

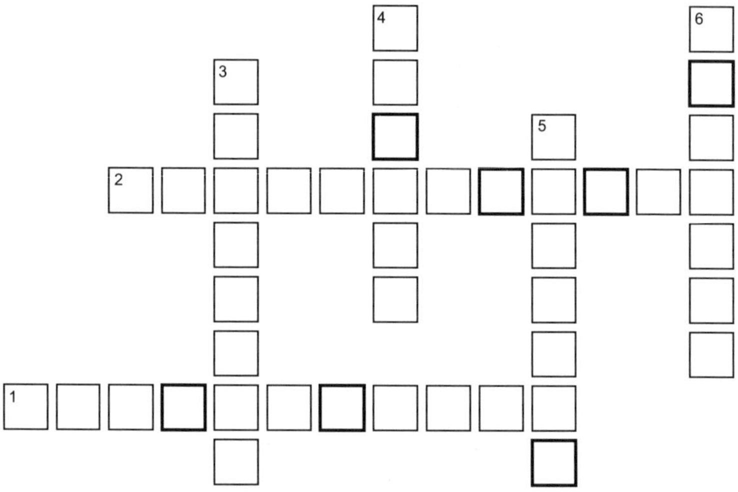

Lösungswort: ☐☐☐☐☐☐☐

Aus: Neue Rätsel im Biologieunterricht, Aulis Verlag Deubner & Co KG, Köln, 2000

9 Schülerseite (Ergänzung)

DER KÖRPERBAU DER FISCHE weist einige charakteristische Merkmale auf – kennst du sie? Trage deine Antworten an den passenden Stellen in das Rätselgitter ein (Ä = AE). Die Buchstaben in den markierten Feldern benennen, wenn du sie richtig sortierst, als **Lösungswort** ein **Geschmackssinnesorgan** mancher Fische.

- Nr. ◯ Verknöcherungen in der oberen Hautschicht
- Nr. ◯ Organ des Ferntastsinns
- Nr. ◯ bewegliche äußere Körperteile
- Nr. ◯ mit Luft gefülltes Organ
- Nr. ◯ dünne Knochen ohne Verbindung mit der Wirbelsäule
- Nr. ◯ Atmungsorgan

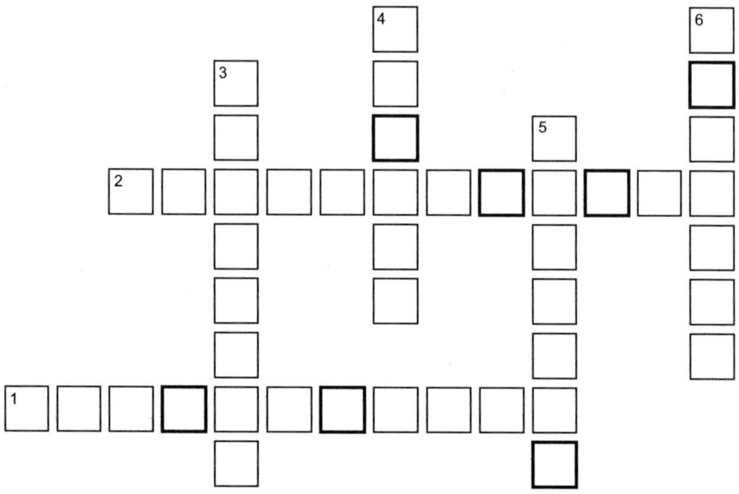

Lösungswort: ☐☐☐☐☐☐☐

32

Aus: Neue Rätsel im Biologieunterricht, Aulis Verlag Deubner & Co KG, Köln, 2000

Lösung zu Rätsel 9:

1. Sa**r**dine, 2. Kab**e**ljau, 3. Herin**g**, 4. Karpf**e**n, 5. T(h)u**n**fisch, 6. Fluss**b**arsch, 7. G**o**ldfisch, 8. Seezun**g**e, 9. Seepf**e**rdchen, 10. Flu**n**der, 11. Schell**f**isch, 12. Sch**o**lle, 13. Do**r**sch, 14. H**e**cht, 15. **L**achs, 16. Aa**l**, 17. W**e**ls

Lösungswort: REGENBOGENFORELLE Dorade

Klassenstufe: 5. - 8.
Schwierigkeitsgrad: ***
Benötigte Zeit: 10 - 15 Minuten

Weitere Hinweise:

Das Rätsel kann zu **jedem beliebigen Zeitpunkt** in eine Unterrichtsreihe über Fische eingefügt werden, auch bereits als Einstieg in das Thema. Man kann es im Unterricht oder als Hausaufgabe lösen lassen. In der Regel kennen die Schüler die meisten Namen, so dass die schon eingetragenen Buchstaben beim Finden der richtigen Antworten sehr hilfreich sind – man sollte die Buchstaben keinesfalls vor dem Kopieren abdecken. Hilfreich ist es auch, dass einige der erfragten Fische zusätzlich abgebildet sind. (Soll bei Nr. 5 statt „Thunfisch" die neue Rechtschreibung „Tunfisch" eingetragen werden, löscht der Lehrer vor dem Kopieren in Klassenstärke das Karo mit dem T.)

Den Schülern muss unbedingt genügend Zeit zur Verfügung stehen, um die Fragen bzw. Beschreibungen auch gründlich durchlesen zu können; nur so lassen sich die darin enthaltenen Informationen für den weiteren Unterricht nutzbar machen. Sie können dann **eine Reihe weiterführender Fragen anstoßen**, beispielsweise über den Körperbau und die Larvalentwicklung der Plattfische. Gut kann man auch auf Fragen der Fischereiwirtschaft eingehen; einige ergänzende **Anmerkungen zum Lösungswort** bieten sich an:

- Die Gruppe der Forellen ist stammesgeschichtlich jung und spaltet in viele Formen auf, die untereinander oft noch kreuzbar sind. So entstand die **Zuchtform der heutigen Regenbogenforelle** durch Kreuzungen der amerikanischen Regenbogenforelle aus den Küstengewässern von Südalaska bis Südoregon mit reinen Süßwasserforellen aus dem Westen der USA.
- **Um 1800** wurden diese Kreuzungen **nach Europa eingeführt** und in Zuchtanstalten vermehrt.
- Die Kreuzungen erwiesen sich als wesentlich **anspruchsloser als die einheimische Bachforelle**, denn sie vertragen höhere Temperaturen und einen geringeren Sauerstoffgehalt des Wassers, wachsen schnell heran und lassen sich problemlos mit Trockenfutter ernähren. Sie sind von großer **wirtschaftlicher Bedeutung**.

Das **Rätselgitter** über den **„KÖRPERBAU DER FISCHE"** ist in **Klasse 7 und 8** eher nur für die **schnellsten** Schüler als kleine Zusatzbeschäftigung gedacht, in **Klasse 5 und 6** lässt man es am besten von **allen** Schülern bearbeiten. Das Rätsel, von der Konstruktion her ein sehr einfaches Kreuzworträtsel, ist jedoch **nicht ganz so leicht zu lösen, wie es auf den ersten Blick erscheinen mag**, denn es liefert keine Hinweise auf die Buchstabenzahlen der jeweiligen Antworten. Vielmehr müssen die Schüler erst überprüfen, ob bzw. wo für eine beabsichtigte Antwort eine „passende" Stelle im Rätselgitter vorhanden ist. Die beiden Antworten mit 7 Buchstaben, die bei Nr. 5 und Nr. 6 eingetragen werden müssen, lassen sich erst nach dem Ausfüllen von Nr. 2 definitiv platzieren – spätestens dann ergibt sich auch der für das Lösungswort „Barteln" nötige Buchstabe R im stark umrahmten Feld von Nr. 6.

Die **Antworten** sind (in der Reihenfolge der Fragen):
③ Schuppen, ① Seitenlinie, ⑤ Flossen, ② Schwimmblase, ⑥ Graeten, ④ Kiemen;
das **Lösungswort** des Zusatzrätsels heißt: BARTELN.

Begriffe aus der Vogelkunde

– ein Bilderrätsel –

Welche 12 Begriffe aus der Vogelkunde sind hier versteckt? Schreibe sie auf und nenne Beispiele!

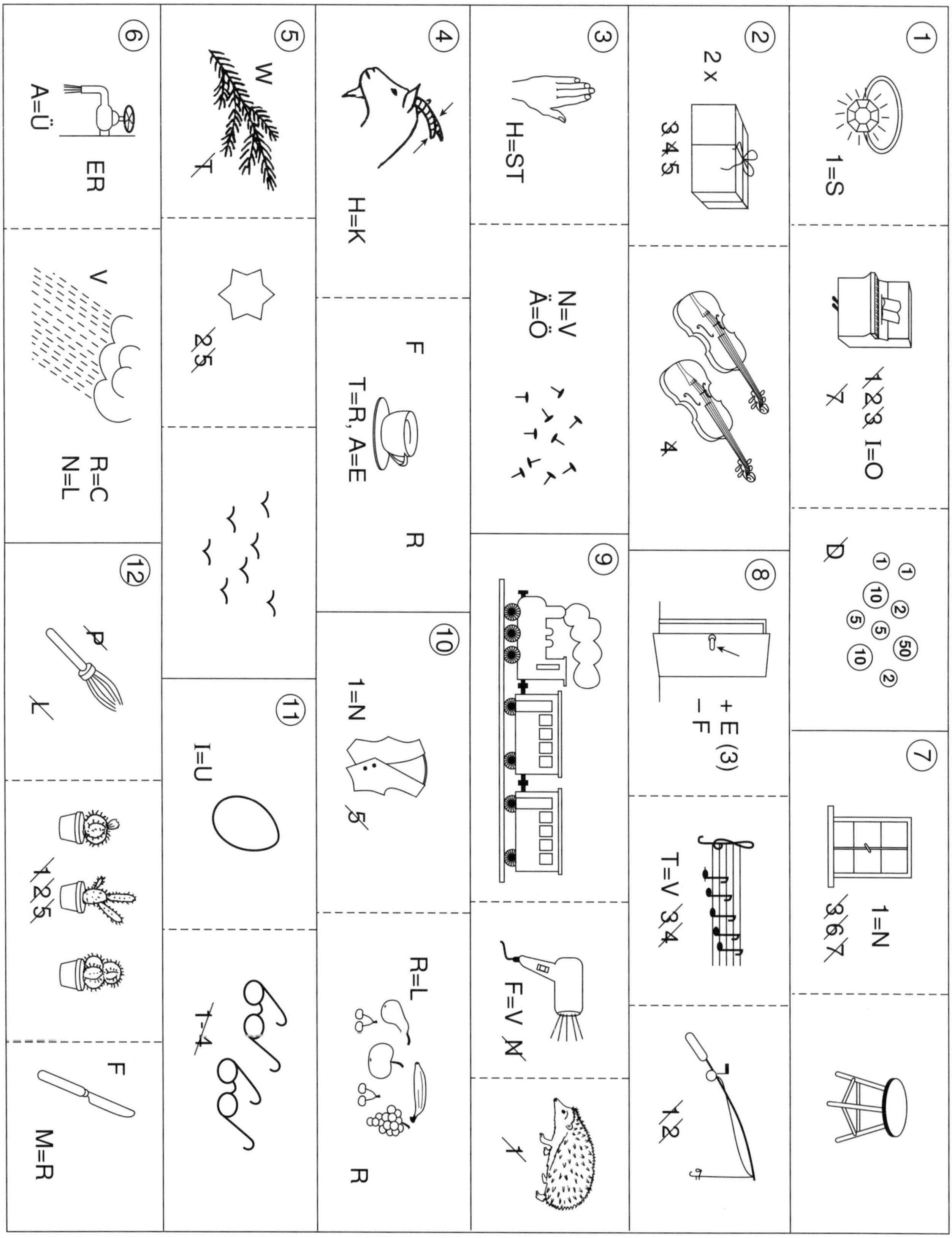

Aus: Neue Rätsel im Biologieunterricht, Aulis Verlag Deubner & Co KG, Köln, 2000

Ein Bestimmungsschlüssel für einheimische Eulen

Wie heißen die abgebildeten Eulen? (Sie sind hier in 1/10 ihrer natürlichen Größe dargestellt.)

1 a mit Federohren .... weiter bei 2
– b ohne Federohren .... weiter bei 4

2 a Körpergröße über 60 cm .... **Uhu**
– b Körpergröße 35 - 40 cm .... weiter bei 3

3 a lange Federohren .... **Waldohreule**
– b Federohren verschwindend klein, schwarze Maske um die Augen .... **Sumpfohreule**

4 a Gesichtsschleier herzförmig, Körpergröße rund 35 cm .... **Schleiereule**
– b Gesichtsschleier nicht herzförmig .... weiter bei 5

5 a Körpergröße rund 40 cm, Augen dunkel .... **Waldkauz**
– b Körpergröße 20 - 25 cm (taubengroß), Augen hell .... weiter bei 6

6 a großer runder Kopf, auffälliger Gesichtsschleier, Zehen dicht weiß befiedert .... **Rauhfußkauz**
– b eher flachköpfig, ohne ausgeprägten Gesichtsschleier, Zehen unbefiedert .... **Steinkauz**

Stelle nun zusammen, an welchen äußeren Merkmalen du z. B. eine Waldohreule, einen Waldkauz, einen Steinkauz erkennen kannst!

Waldohreule: ____

Waldkauz: ____

Steinkauz: ____

Lösung zu Rätsel 10:

1.	~~R~~ I N G ~~K~~~~L~~~~A~~ V ~~T~~ E ~~R~~ G E L ~~D~~ S O	=	Singvoegel
2.	P A ~~K~~~~E~~~~T~~ P A ~~K~~~~E~~~~T~~ G E I ~~G~~ E N	=	Papageien
3.	~~H~~ A N D ~~N~~~~Ä~~ G E L ST V Ö	=	Standvögel
4.	~~H~~ Ö R N E R F ~~T~~~~A~~ S S E R K R E	=	Körnerfresser
5.	W A S ~~T~~ S ~~T~~ E R ~~N~~ V Ö G E L	=	Wasservögel
6.	H ~~A~~ H N E R V ~~R~~ E G E ~~N~~ Ü O L	=	Hühnervoegel
7.	~~F~~ E ~~N~~ S T ~~E~~~~R~~ H O C K E R N	=	Nesthocker
8.	G R↑I F ~~F~~ ~~T~~ Ö ~~N~~~~E~~ ~~A~~~~N~~ G E L E V	=	Greifvögel
9.	Z U G ~~F~~ Ö ~~N~~ ~~T~~ G E L V	=	Zugvögel
10.	~~W~~ E S T ~~E~~ F ~~R~~ Ü C H T E R N L	=	Nestflüchter
11.	E ~~T~~ ~~B~~~~R~~~~T~~~~L~~ L E N U	=	Eulen
12.	~~P~~ I N S E ~~L~~ ~~K~~~~A~~ K T ~~E~~ E N F ~~M~~ E S S E R R	=	Insektenfresser

Klassenstufe: 5. - 6.
Schwierigkeitsgrad: *
Benötigte Zeit: 10 Minuten

Weitere Hinweise:

Ob man die Vögel als eigene Wirbeltierklasse ausführlich behandelt oder sie nur kurz im Rahmen anderer Zusammenhänge wie z. B. dem Überwintern oder dem Naturschutz streift – das Bilderrätsel lockert in jedem Fall den Unterricht auf und ist auch eine gern gesehene Hausaufgabe. Die 12 gesuchten Begriffe nennen **Verwandtschaftsgruppen** (z. B. Papageien, Hühnervögel, Eulen), beziehen sich auf **Lebensräume** (Wasservögel) und **Ernährungsweisen** (Körnerfresser, Insektenfresser), erwähnen **Methoden des Überwinterns** (Zugvögel, Standvögel) und **Verhaltensweisen der Jungtiere** (Nesthocker, Nestflüchter). Da es wichtig ist, dass die Schüler auch einige Beispiele für Singvögel, Wasservögel, Eulen, Zugvögel usw. benennen, wird schon auf der Rätselseite dazu aufgefordert.

Bei dem Zusammenstellen von **Beispielen** kann der zusätzlich angebotene **Bestimmungsschlüssel für einheimische Eulen** nützlich sein. Er bietet zudem die Möglichkeit, die Schüler mit dem Handhaben eines Bestimmungsschlüssels vertraut zu machen, wenn dies nicht schon anderweitig geschah. **Ergebnis: A:** Uhu, **B:** Steinkauz, **C:** Rauhfußkauz, **D:** Waldkauz, **E:** Waldohreule, **F:** Schleiereule, **G:** Sumpfohreule.

Nahe liegend ist es außerdem, mit den Schülern **typische morphologische Merkmale** zu „sammeln", die z. B. die Funktion eines bestimmten Körperteils anzeigen oder die für Vögel in einem bestimmten Lebensraum charakteristisch sind (beispielsweise: Körnerfresser haben einen kräftigen Schnabel, Greifvögel ein gebogenen, Insektenfresser oft einen schlanken; oder: Wasservögel besitzen Schwimmhäute zwischen den Zehen usw.).

Der Lehrer kann auch **einen Vogelnamen vorgeben** (etwa Schwalbe); die Schüler versuchen dann, den Vogel den verschiedenen Kategorien zuzuordnen (Zugvogel, Insektenfresser, Nesthocker). Hier kommt es sehr darauf an, dass der Lehrer die Beispiele geschickt auswählt, denn das Vorgehen führt zu Schwierigkeiten, sobald andere als die im Rätsel vorkommenden Fachausdrücke benötigt werden (beispielsweise Strichvogel, Invasionsvogel) oder kein eindeutiges Zuordnen möglich ist (was z. B. für die Amsel gilt, deren Überwinterungsverhalten in Abhängigkeit von Alter und Geschlecht variiert).

Das Rätselinsekt

– ein Rätsel zu Insektenabbildungen –

Was hier abgebildet ist und fliegt oder springt, summt oder brummt, sticht oder zwickt, soll in das „Rätselinsekt" eingetragen werden; viel Erfolg dabei! Übrigens: Das Lösungswort ist äußerst unbeliebt, weil schädlich.

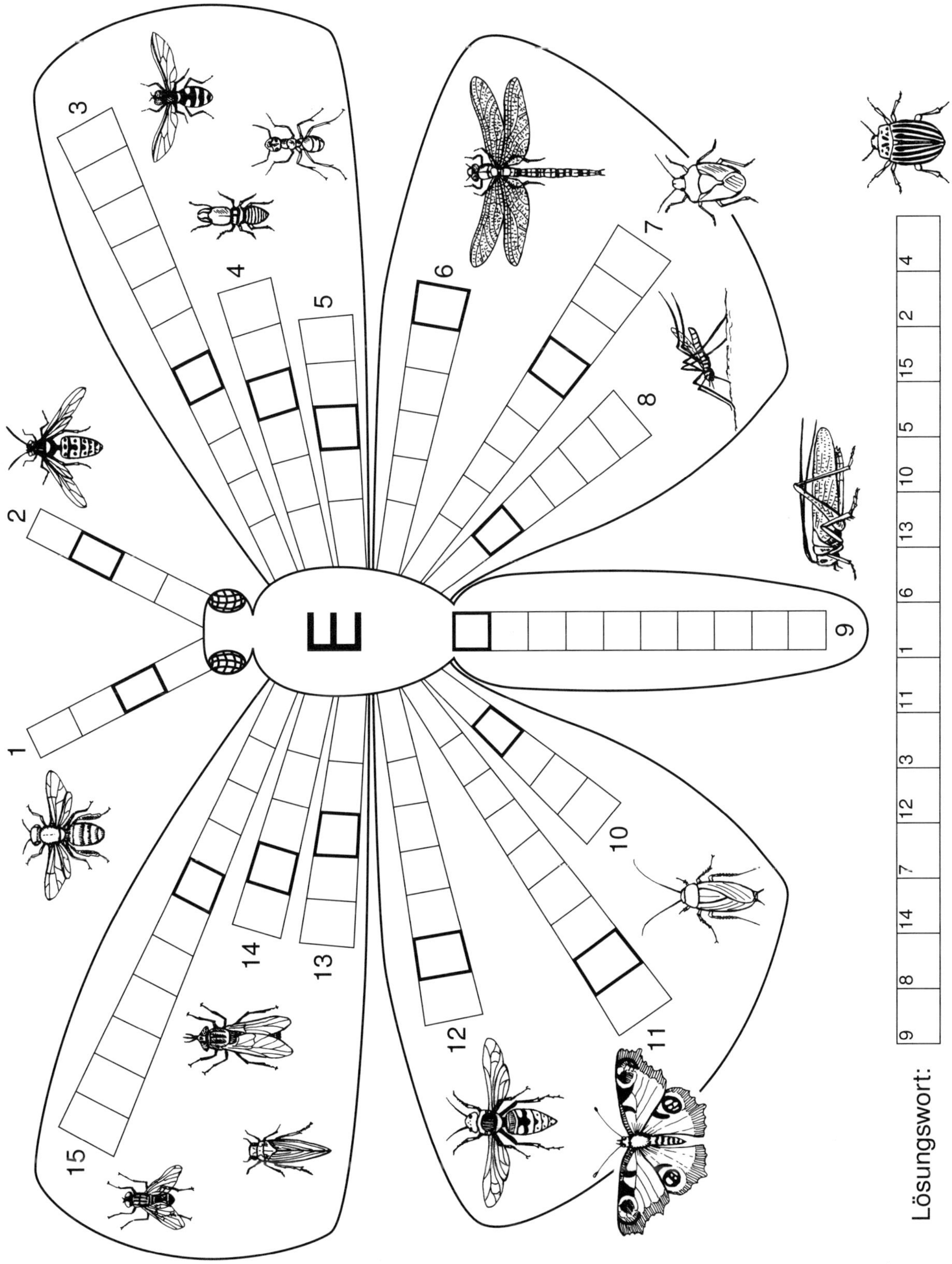

Lernkontrolle zum Rätselinsekt

Name: ______________________________

1. 2. 3. 4. 5.

6. 7. 8. 9. 10.

11. 12. 13. 14. 15.

Wenn du die gesuchten Buchstaben deiner Antworten der Reihe nach liest und sich dabei der **Name eines weiteren Insekts** ergibt, so sind deine Antworten – zumindest großenteils – richtig.

1. ______________________ (3) ______
2. ______________________ (4) ______
3. ______________________ (1) ______
4. ______________________ (4) ______
5. ______________________ (3) ______
6. ______________________ (2) ______
7. ______________________ (2) ______
8. ______________________ (2) ______
9. ______________________ (6) ______
10. ______________________ (2) ______
11. ______________________ (3) ______
12. ______________________ (5) ______
13. ______________________ (3) ______
14. ______________________ (2) ______
15. ______________________ (8) ______

Ergebnis: ______________________________

Aus: Neue Rätsel im Biologieunterricht, Aulis Verlag Deubner & Co KG, Köln, 2000

Suche für deine Antworten die passenden Stellen und beachte beim Eintragen: Ö = OE, ß = SS.

Nr. ◯ Insektenauge, ◯ Nervensytem, ◯ Skelettart, ◯ mittlerer Körperabschnitt, ◯ Herzart, ◯ Träger des Geruchssinns, ◯ Atemöffnungen, ◯ verzweigtes Röhrensytem

Aus: Neue Rätsel im Biologieunterricht, Aulis Verlag Deubner & Co KG, Köln, 2000

Schülerseite (Ergänzung II) **11**

Suche für deine Antworten die passenden Stellen und beachte beim Eintragen: Ö = OE, ß = SS.

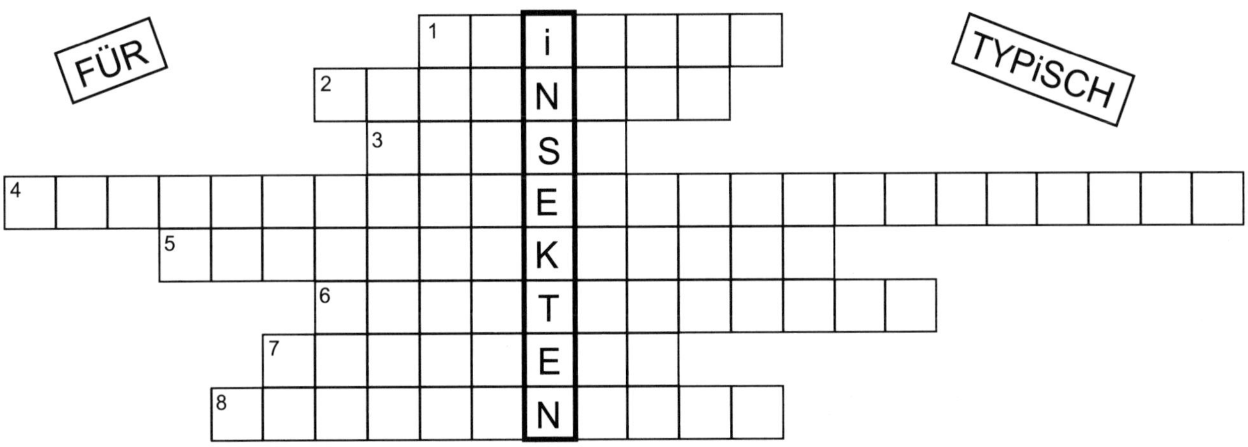

Nr. ◯ Insektenauge, ◯ Nervensytem, ◯ Skelettart, ◯ mittlerer Körperabschnitt, ◯ Herzart, ◯ Träger des Geruchssinns, ◯ Atemöffnungen, ◯ verzweigtes Röhrensytem

Aus: Neue Rätsel im Biologieunterricht, Aulis Verlag Deubner & Co KG, Köln, 2000

39

11 Lehrerseite

Lösung zu Rätsel 11:

1. Biene, 2. Wespe, 3. Schwebfliege, 4. Termite, 5. Ameise, 6. Libelle, 7. Blattwanze, 8. Schnake, 9. Heuschrecke, 10. Schabe, 11. Pfauenauge, 12. Hornisse, 13. Zikade, 14. Bremse, 15. Stubenfliege

Lösungswort: KARTOFFELKAEFER

Lösung der zugehörigen Lernkontrolle:

1. Wespe	(3)	S	9. Hornisse	(6)	S
2. Ameise	(4)	I	10. Schwebfliege	(2)	C
3. Libelle	(1)	L	11. Schabe	(3)	H
4. Stubenfliege	(4)	B	12. Heuschrecke	(5)	C
5. Biene	(3)	E	13. Schnake	(3)	H
6. Bremse	(2)	R	14. Termite	(2)	E
7. Pfauenauge	(2)	F	15. Blattwanze	(8)	N
8. Zikade	(2)	I	**Ergebnis:** SILBERFISCHCHEN		

Klassenstufe: 8. - 10.
Schwierigkeitsgrad: ***
Benötigte Zeit: 10 - 15 Minuten

Weitere Hinweise:

Aus der ungeheuren Formenvielfalt der Insekten ist eine kleine Auswahl heimischer Vertreter (Ausnahme: Termite) wiedergegeben. Die Schüler müssen über **ein nicht unerhebliches Maß an Formenkenntnis** verfügen, um die dargestellten Insekten richtig benennen zu können – obwohl ihnen dem Namen nach vermutlich alle im Rätsel vorkommenden Insekten bekannt sind; das Rätsel sollte daher nicht ohne entsprechende unterrichtliche Voraussetzungen in Angriff genommen werden. Eine kleine Hilfe beim Lösen des Rätsels ist die Angabe, dass **die 15 gesuchten Namen auf „E" enden**.

Blattwanze, Schabe und Zikade sind die **schwierigsten Beispiele**. Schwierigkeiten könnte es noch bei der Schnake geben, die mancherorts Stechfliege oder Stechmücke genannt wird; andererseits ist der Name Schnake – neben der Bezeichnung Schneider – auch für die Kohlschnake gebräuchlich.

Will der Lehrer verhindern, dass das Lösungswort vorzeitig gefunden wird, deckt er die **Abbildung des Kartoffelkäfers** vor dem Kopieren ab.

Ob die Schüler durch die Beschäftigung mit dem „Rätselinsekt" ihre Formenkenntnisse über Insekten festigen, vielleicht sogar erweitern konnten, lässt sich z. B. in der nächsten Stunde leicht mit Hilfe des Arbeitsblattes für eine **Lernkontrolle** feststellen, auf dem die 15 Insekten in anderer Reihenfolge nochmals abgebildet sind; als Anreiz und auch als eine gewisse Kontrollmöglichkeit für die Richtigkeit ihrer Antworten ist hier ebenfalls ein Lösungswort als **Ergebnis** zu finden.

Als Ergänzung für besonders schnelle Schüler oder auch als kleine Hausaufgabe für alle Schüler eignet sich **„FÜR INSEKTEN TYPISCH"** mit Fragen zum Körperbau der Insekten. Die Schwierigkeit besteht darin, dass nicht angegeben ist, an welchen Stellen die Fachtermini einzutragen sind; hilfreiche Vorgaben fehlen somit weitgehend.

Die Antworten sind:
⑥ Facettenauge, ④ Strickleiternervensystem, ⑤ Aussenskelett, ③ Brust, ⑧ Roehrenherz,
② Antennen, ① Stigmen, ⑦ Tracheen

Wie Tiere überwintern

– ein Kammrätsel –

Vervollständige die folgenden Sätze durch die passenden Begriffe oder Tiernamen; beachte dabei: Ä = AE, Ö = OE. In der mittleren Spalte erhältst du das **Lösungswort** des Rätsels. Wie heißt es?

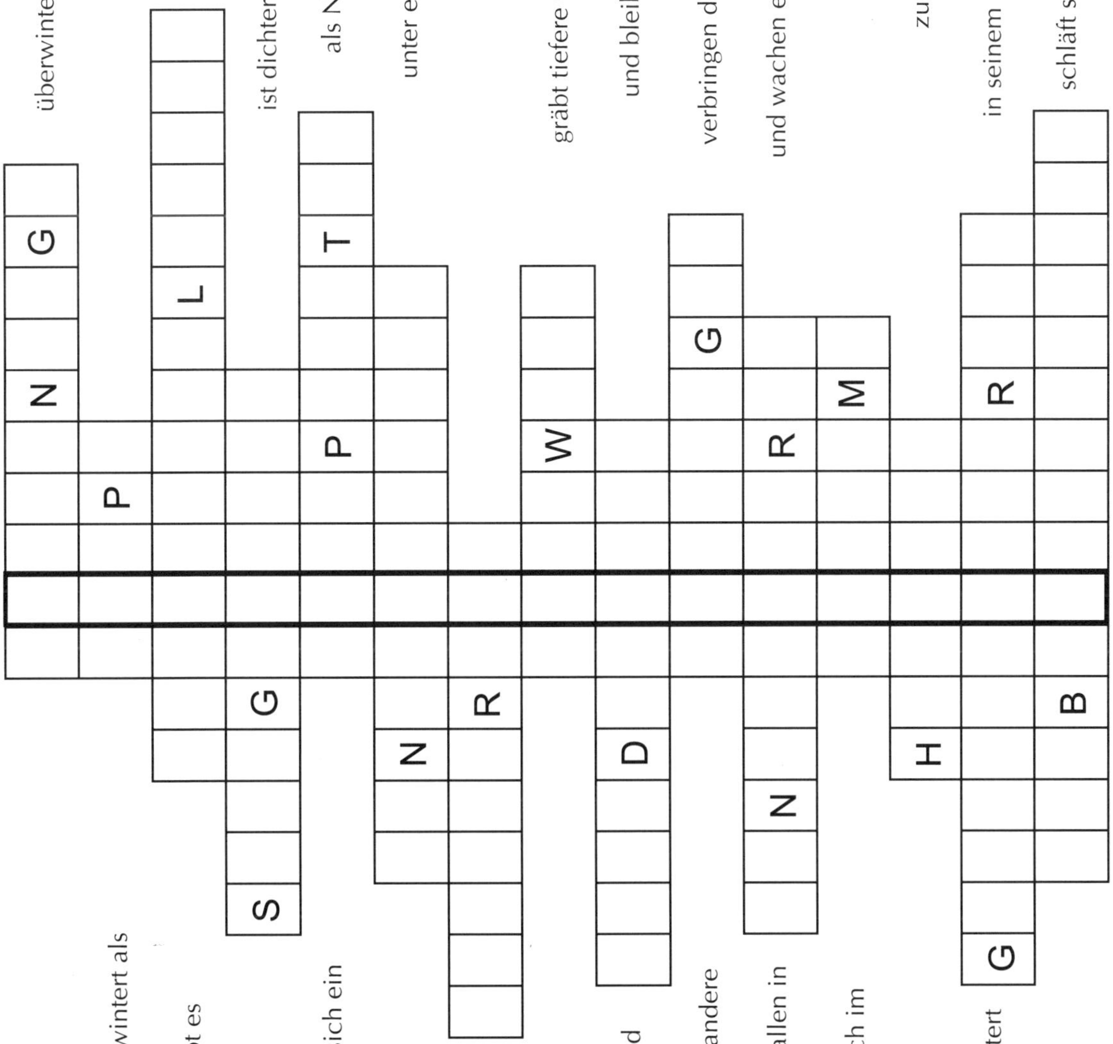

1. Kleiner Fuchs und ______ überwintern auf Dachböden.
2. Der Kohlweißling überwintert als ______ im Freien.
3. Nur bei Säugetieren gibt es ______ und Winterruher.
4. Das Winterfell der ______ ist dichter als ihr Sommerfell.
5. Winterschläfer fressen sich ein ______ als Nahrungsreserve an.
6. Der Igel hält seinen ______ unter einem Reisighaufen.
7. Das Eichhörnchen hält ______ in seinem Kobel.
8. Der ______ gräbt tiefere Gänge in die Erde.
9. Meisen und Amseln sind ______ und bleiben im Winter hier.
10. Schwalbe, Storch und andere ______ verbringen den Winter in Afrika.
11. Wechselwarme Tiere fallen in ______ und wachen erst im Frühjahr auf.
12. Der Frosch vergräbt sich im ______ des Teichgrundes.
13. Fledermäuse suchen ______ zum Winterschlaf auf.
14. Der Feldhamster hamstert ______ in seinem unterirdischen Bau.
15. Der ______ schläft sieben Monate lang.

Aus: Neue Rätsel im Biologieunterricht, Aulis Verlag Deubner & Co KG, Köln, 2000

Arbeitsblatt zu Rätsel 12
Tiere bei abnehmender Umgebungstemperatur

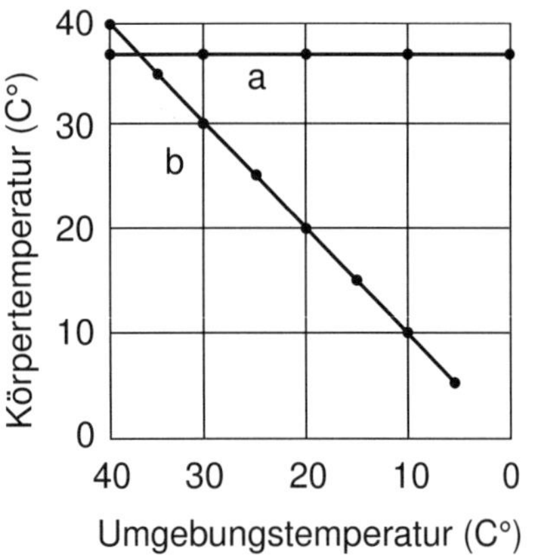

Abb. 1: Zusammenhang zwischen Körpertemperatur und Umgebungstemperatur bei gleichwarmen und wechselwarmen Tieren (a Hausmaus, b Ringelnatter)

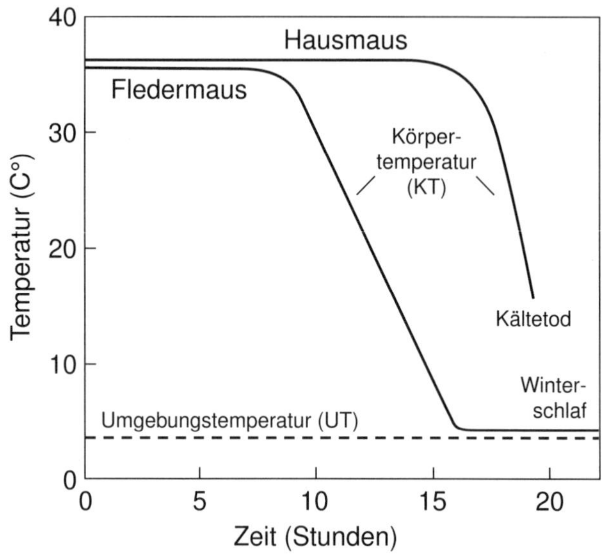

Abb. 3a: Körpertemperatur eines Winterschläfers und eines winteraktiven Tiers (ohne Nahrungsaufnahme) bei gleichbleibend niedriger Umgebungstemperatur; nach (1)

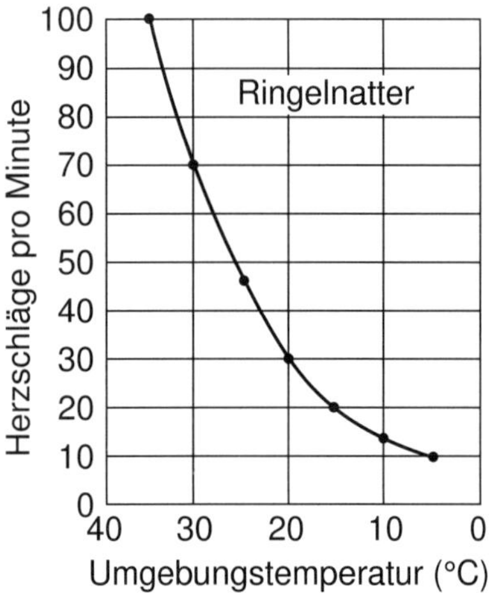

Abb. 2: Herztätigkeit eines wechselwarmen Tiers bei abnehmender Umgebungstemperatur

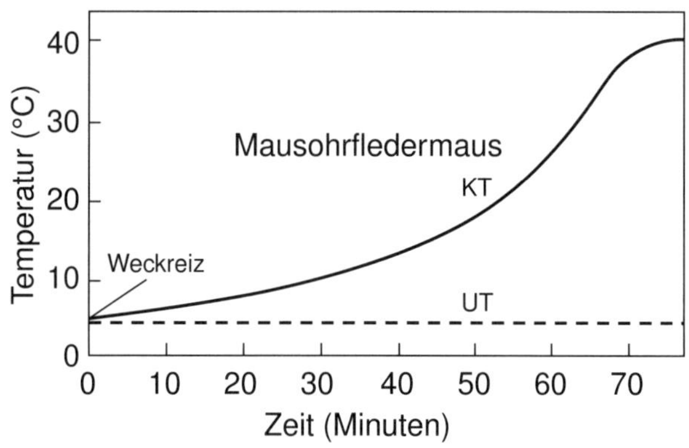

Abb. 3b: Wirkung eines Weckreizes (Berührung) auf ein Tier im Winterschlaf bei gleichbleibend niedriger Umgebungstemperatur; nach (1)

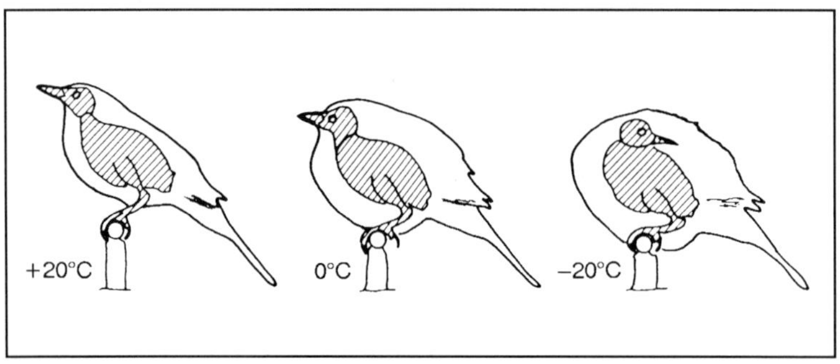

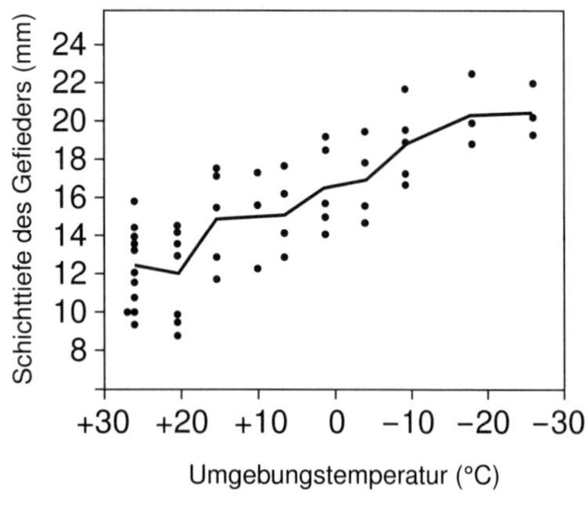

Abb. 4a + 4b: Erweiterung des umgebenden Luftpolsters durch Plustern des Gefieders einer Amsel. Dargestellt ist eine Rekonstruktion von gleichzeitigen Röntgen- und Fotoaufnahmen; nach (2)

Aus: Neue Rätsel im Biologieunterricht, Aulis Verlag Deubner & Co KG, Köln, 2000

Bildfolge zu Rätsel 12
Eine Amsel bei abnehmender Umgebungstemperatur

1

2
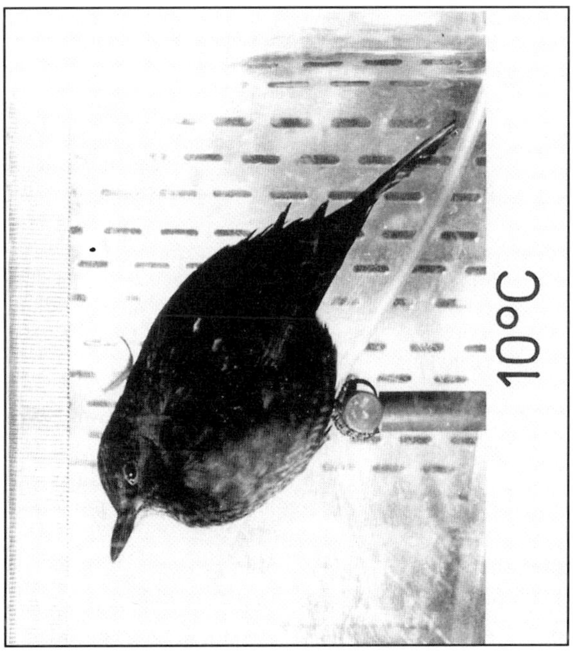

3
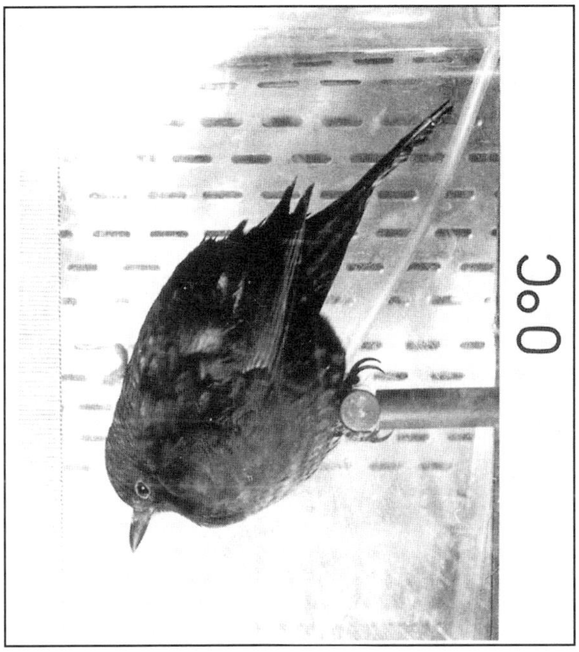

4
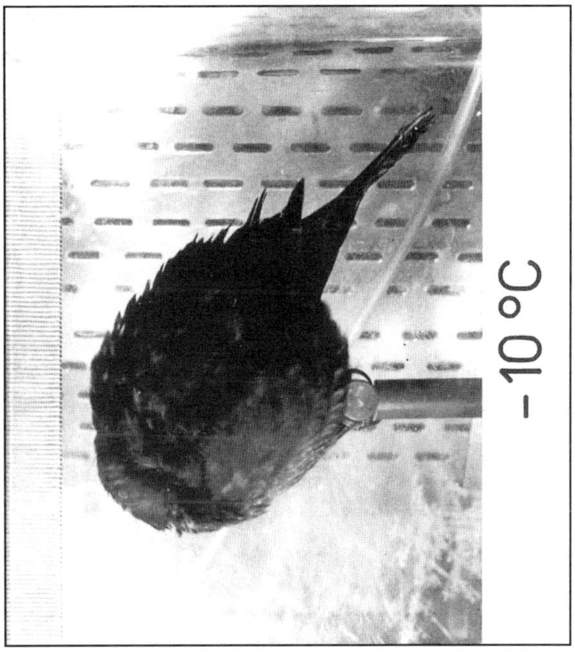

Bildquelle: Dr. *Herbert Biebach*, Forschungsstelle für Ornithologie der Max-Planck-Gesellschaft, 82346 Andechs

12 Lehrerseite

Lösung zu Rätsel 12:

1. Pfauenauge, 2. Puppe, 3. Winterschlaefer, 4. Saeugetiere, 5. Fettpolster, 6. Winterschlaf, 7. Winterruhe, 8. Maulwurf, 9. Standvoegel, 10. Zugvoegel, 11. Winterstarre, 12. Schlamm, 13. Hoehlen, 14. Getreidekoerner, 15. Siebenschlaefer

Lösungswort: FUTTERHAEUSCHEN

Klassenstufe: 5. - 7.
Schwierigkeitsgrad: **
Benötigte Zeit: maximal 10 Minuten

Weitere Hinweise:

In dem Rätsel sind **verschiedenartige Überwinterungsstrategien** einheimischer gleichwarmer und wechselwarmer Tiere zusammengestellt. Vier Aussagen sind eher allgemein formuliert (Nr. 3, 4, 5, 11), die anderen sind exemplarischer Natur. Mit 9 „Sätzen" stehen die Säugetiere deutlich im Vordergrund. Die Schüler haben die Aufgabe, die in den vorformulierten Sätzen **fehlenden „Passwörter" (Fachtermini, Beispiele) zu finden und einzutragen** – eine Aufgabe, die durch einige bereits vorhandene Buchstaben nicht besonders schwer ist. Da aber Fachwissen zum Lösen erforderlich ist, wäre es verfrüht, das Rätsel bereits als Einstieg in die Materie zu verwenden; erst gegen Ende des Themas „Überwintern" lässt man es im Unterricht oder als Hausaufgabe bearbeiten.

Für ergänzende Bemerkungen steht ein **Arbeitsblatt** mit zum Thema passenden **graphischen Darstellungen** zur Verfügung; die Abbildungen können in unterschiedlicher Ausführlichkeit und auf unterschiedlichem Anforderungsniveau ausgewertet werden. Allgemein ist zu berücksichtigen, dass 10- bis 12- jährige Schüler noch wenig, vielleicht noch gar keine Erfahrung mit dem „Lesen" und Auswerten von Diagrammen besitzen, weswegen Kurveninterpretationen hier viel Zeit in Anspruch nehmen.

Zu Abb. 1: An dieser Darstellung lässt sich das **Arbeiten mit Diagrammen** gegebenenfalls **erlernen**, jedenfalls **üben**. Entgegen der in der Fachliteratur gebräuchlichen Darstellung des Zusammenhangs nimmt hier entlang der Abszisse die Umgebungstemperatur von links nach rechts ab, weil dieser Temperaturverlauf dem Thema „Überwintern" entspricht. (Derselbe Temperaturverlauf wurde auch für die x-Achsen der Abbildungen 2 und 4b gewählt.)

Zu Abb. 2: Man kann die Schüler evtl. eine Wertetabelle anlegen lassen, in die sie die Zahl der Herzschläge pro Minute in Abhängigkeit von der Umgebungstemperatur eintragen; hieran oder an dem Kurvenverlauf selbst kann die **RGT-Regel** gefunden und z. B. wie folgt formuliert werden: Bei Abnahme der Umgebungstemperatur um je 10 °C verlangsamt sich die Herztätigkeit um die Hälfte oder mehr.

Zu Abb. 3: Der **Verlauf der Kurven** wird genau beschrieben, die **Unterschiede** werden herausgearbeitet und interpretiert. Dass die Zeit-Achsen von Abb. 3a und 3b verschieden sind, muss ausdrücklich betont werden – andernfalls erkennen die Schüler den außerordentlich raschen Verlauf des Aufwachvorgangs evtl. nicht. **(Ergänzende Zahlenangaben:** Die Energieersparnis eines Winterschläfers gegenüber einem ständig winteraktiven Tier vergleichbarer Größe kann bis zu 88 % betragen. Durch Aufwachvorgänge im Verlauf des Winters werden insgesamt mindestens 50% der für den Winterschlaf gespeicherten Reserven verbraucht.)

Zu Abb. 4: Die Interpretation des **„zickzackförmigen" Kurvenverlaufs** bereitet Schülern der angegebenen Jahrgänge mitunter Probleme. Es ist dann notwendig und auch von prinzipieller Bedeutung, ihnen klar zu machen, dass Kurven auf der Basis von Messwerten erstellt werden (was man an Abbildung 4b sehr gut sieht) und somit auch Messungenauigkeiten und individuelle Unterschiede einfließen. Ein Kurvenverlauf ohne jede Unebenheit ist in der Regel eine idealisierende Darstellung.

Möchte man nur einige **Anmerkungen zum Lösungswort** anschließen, kann man z. B. auf die **Fotoserie** über das Plustern des Gefieders einer Amsel zurückgreifen (sie liegt den Darstellungen von Abbildung 4 zugrunde).
Herrn *Dr. H. Biebach,* Forschungsstelle für Ornithologie der MPG, D-82346 Andechs, sei an dieser Stelle nochmals dafür gedankt, dass er sein Bildmaterial für die Veröffentlichung in dem vorliegenden Biologie-Rätselbuch zur Verfügung stellte.

Bildquellen:

(1) *Brinkmann, K. / Kulzer, E. / Metzner, H.:* Grundlagen der Lebensvorgänge; Ökologie kompakt, Bd. 1 (Pflanzen und Tiere in ihrer Umwelt). S. Hirzel Verlag, Stuttgart 1997

(2) *Biebach, H.:* a) Verhandlungen der Deutschen Zoologischen Gesellschaft 71, 203 (1978) und
b) zugehörige Fotoaufnahmen

Mogelpackungen

– eine Fehlersuche –

Jeweils 4 der 5 in einer Spalte zusammengefassten Tiere besitzen eine Gemeinsamkeit; dies kann z. B. ein gemeinsamer Bauplan sein oder das gleiche Verhalten in einer bestimmten Situation, auch ein gleicher Lebensraum. Finde die jeweilige Gemeinsamkeit heraus und trage sie ein! Welches Tier wurde dazugemogelt?

1. Biene Wespe Spinne Schmetterling Ameise **Gemeinsamkeit:** .... **Es passt nicht:**	**2.** Laus Wanze Floh Zecke Bremse **Gemeinsamkeit:** .... **Es passt nicht:**	**3.** Hai Hering Schellfisch Delfin Sardine **Gemeinsamkeit:** .... **Es passt nicht:**	**4.** Forelle Hering Karpfen Hecht Flussbarsch **Gemeinsamkeit:** .... **Es passt nicht:** ....
5. Eidechse Gecko Salamander Chamäleon Krokodil **Gemeinsamkeit:** .... **Es passt nicht:**	**6.** Sperling Schwalbe Storch Bachstelze Kuckuck **Gemeinsamkeit:** .... **Es passt nicht:**	**7.** Höckerschwan Stockente Graugans Teichhuhn Bachstelze **Gemeinsamkeit:** .... **Es passt nicht:**	**8.** Krokodil Eichhörnchen Amsel Laubfrosch Tintenfisch **Gemeinsamkeit:** .... **Es passt nicht:** ....
9. Ziege Hund Pferd Schaf Rind **Gemeinsamkeit:** .... **Es passt nicht:**	**10.** Pferd Ziege Schaf Rind Schwein **Gemeinsamkeit:** .... **Es passt nicht:**	**11.** Fledermaus Igel Feldmaus Murmeltier Siebenschläfer **Gemeinsamkeit:** .... **Es passt nicht:**	**12.** Hausmaus Feldmaus Wanderratte Spitzmaus Goldhamster **Gemeinsamkeit:** .... **Es passt nicht:** ....

Aus: Neue Rätsel im Biologieunterricht, Aulis Verlag Deubner & Co KG, Köln, 2000

13 Lehrerseite

Lösung zu Rätsel 13:

Päckchen	Gemeinsamkeit / Überschrift	Es gehört nicht dazu
Nr. 1	Insekten	Spinne
Nr. 2	ENTWEDER: (blutsaugende) Insekten	Zecke
	ODER: flügellose Parasiten	Bremse
Nr. 3	(Meeres)fische	Delfin
Nr. 4	Süßwasserfische	Hering
Nr. 5	Reptilien	Salamander
Nr. 6	Zugvögel	Sperling
Nr. 7	Wasservögel	Bachstelze
Nr. 8	Wirbeltiere	Tintenfisch
Nr. 9	Huftiere	Hund
Nr. 10	Paarhufer	Pferd
Nr. 11	Winterschläfer	Feldmaus
Nr. 12	ENTWEDER: Nagetiere	Spitzmaus
	ODER: (einheimische) Wildtiere	Goldhamster

Klassenstufe: 7. - 9.
Schwierigkeitsgrad: ***
Benötigte Zeit: 10 Minuten

Weitere Hinweise:

Fehler aufzuspüren ist bei Schülern meist **beliebt** – dem kommt die Rätselform entgegen. Inhaltlich geht es in dem Rätsel um das **Erkennen von Verwandtschaftsgruppen, Verhaltensweisen oder anderen typischen Merkmalen**, die für jeweils 4 der 5 Tiere eines „Päckchens" gelten, nicht jedoch für die Ausnahme, die ebenso wie die Gemeinsamkeit von den Schülern gefunden werden muss.

Wenn die **Insekten** noch nicht besprochen sind, wird der Lehrer bei den Päckchen Nr. 1 und Nr. 2 etwas helfen müssen. Die anderen Päckchen enthalten nur **Wirbeltiere**; für die Nr. 8 und 11 sind die Überschriften und Ausnahmen vermutlich am schwersten zu finden – der Lehrer hilft gegebenenfalls.

Mehrfach folgen zwei ähnlich wirkende Päckchen aufeinander (Nr. 1 + 2, Nr. 3 + 4, Nr. 9 + 10), was zu konzentriertem Nachdenken anregen soll.
Die in Klammern stehenden Bestandteile der Päckchen-Überschriften zu Nr. 2, 3 und 12 verdeutlichen, dass die jeweilige Gemeinsamkeit hier einfacher oder spezieller formuliert werden kann.
Aus den Beispielen Nr. 2 und 12 geht auch hervor, dass mitunter mehr als nur eine Lösung möglich ist.

Es wird vorgeschlagen, sich nicht mit dem Auffinden der richtigen Antworten zu begnügen, sondern die Schüler auch genau die **jeweilige Gemeinsamkeit charakterisieren und evtl. noch durch weitere Beispiele ergänzen zu lassen**, z. B. so:
– typische Merkmale der Insekten sind .....,
– typische Merkmale der Reptilien sind .....,
– weitere Süßwasserfische sind .....,
– weitere Zugvögel sind .....,
– weitere Möglichkeiten des Überwinterns sind ..... .
Dieses Vorgehen erfordert Zeit und Sachkenntnis und kann je nach Ausführlichkeit eine ganze Schulstunde in Anspruch nehmen. (Die einzelnen Päckchen des Rätsels in der für das entsprechende Rätsel zur Pflanzenkunde vorgeschlagenen Weise umzuformen, erscheint hier weniger ratsam, auch weniger effektiv – eher dann schon, die Schüler völlig neue „Päckchen", die aber nicht zu einfach sein sollten, entwickeln zu lassen.)

Das Rätsel eignet sich gleichermaßen für **eigene** wie für **fremde** Klassen.

Unsere Zähne

– Fassung A: eine Geheimschrift wird entschlüsselt –

Versuche, den folgenden, aus Kreisen, Quadraten, Dreiecken und Pfeilen bestehenden Text zu entschlüsseln! Mit Hilfe einiger dir bekannter Fachausdrücke zum Thema „Zähne" kannst du den Code knacken; für die Umlaute und ß gibt es eigene Symbole. Bei dem **Geheimtext** handelt es sich um ein **Sprichwort**, das mit der Verarbeitung unserer Nahrung zu tun hat; schreibe es im Klartext unter die Geheimschrift.

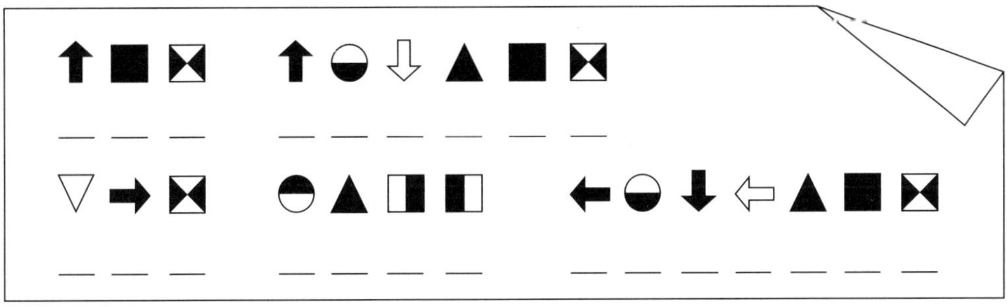

Wir knacken den Code:

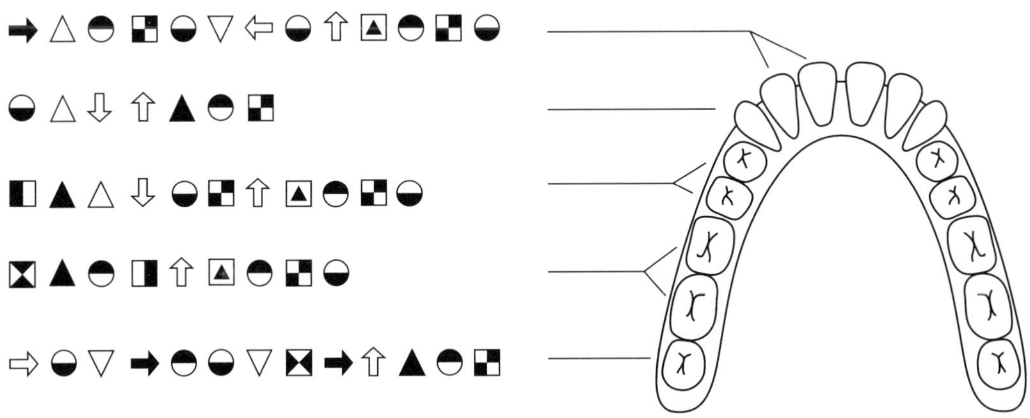

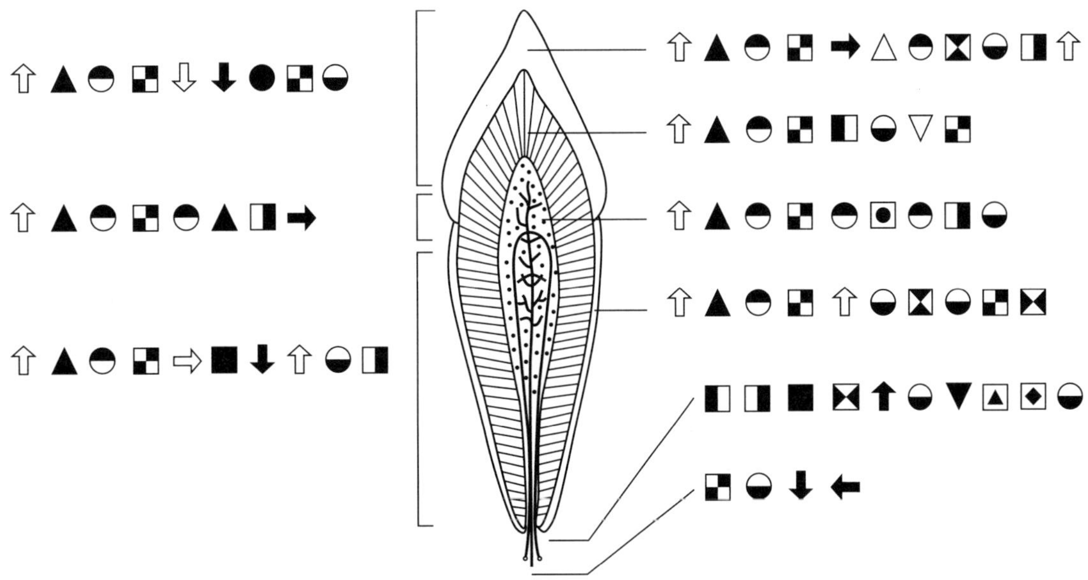

Symbol: 

Bedeutung: _

Unsere Zähne

– Fassung B: eine Rätselfigur –

Alle gesuchten Begriffe **beginnen oder enden mit der Silbe „ZAHN“.** Trage sie entsprechend der Pfeilrichtung in die Rätselfigur ein – die Antworten Ⓐ bis Ⓔ von außen nach innen, da sie auf „ZAHN“ enden, die Antworten ① bis ⑦ von innen nach außen, da sie mit „ZAHN“ beginnen (Ö = OE). Die Buchstaben in den eingerahmten Feldern ergeben bei richtiger Sortierung das **Lösungswort**. Wie heißt es?

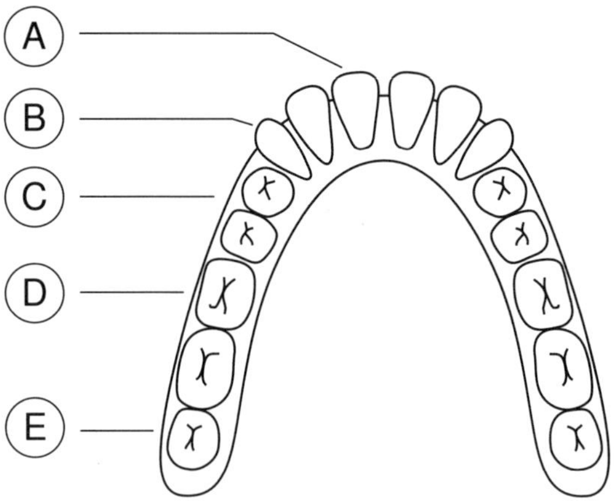

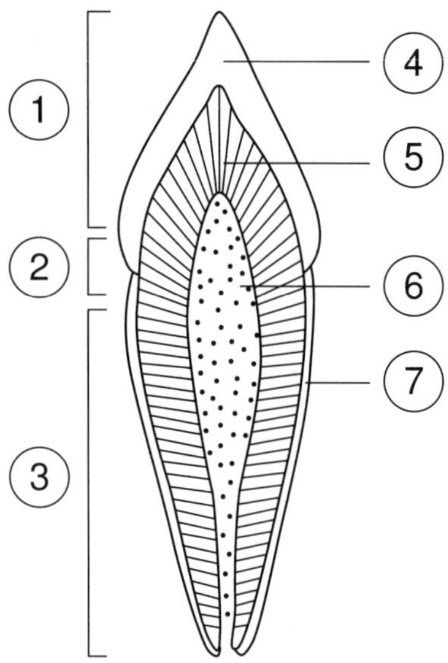

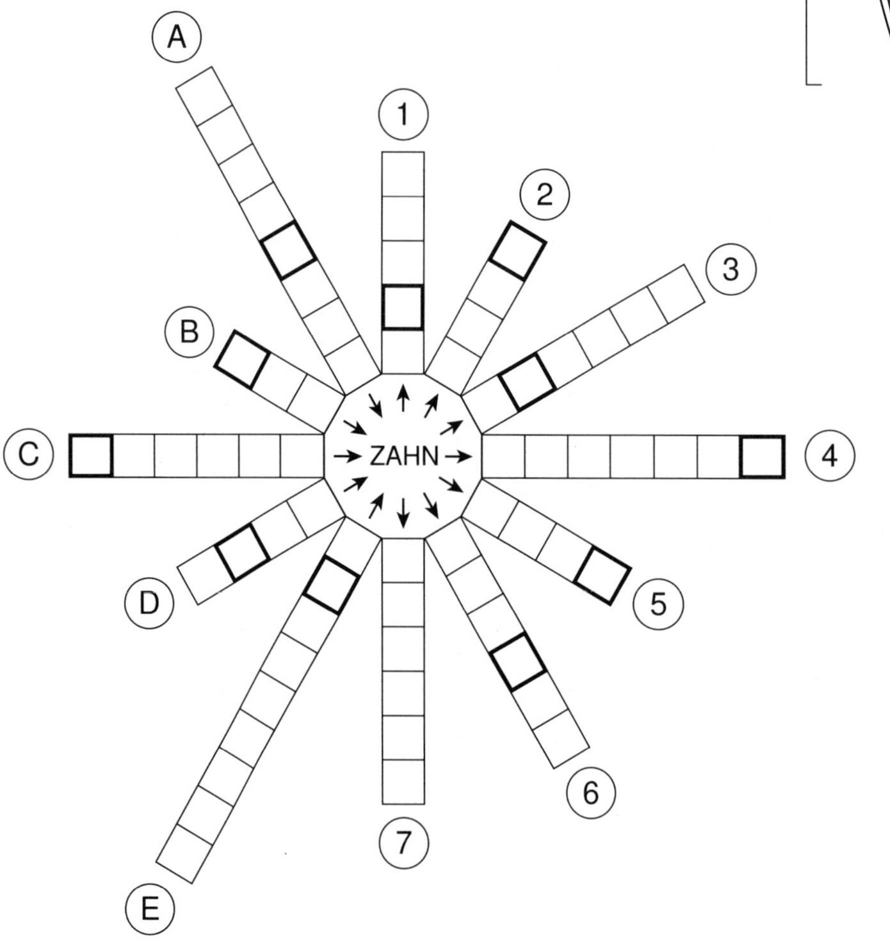

Lösungswort: 4 D 6 5 C 3 B 1 2 E A

Aus: Neue Rätsel im Biologieunterricht, Aulis Verlag Deubner & Co KG, Köln, 2000

Lösung zu Rätsel 14:

Fassung A (Geheimschrift, 14 Begriffe):
Abb.1: Schneidezähne, Eckzahn, Backenzähne, Mahlzähne, Weisheitszahn
Abb. 2, links : Zahnkrone, Zahnhals, Zahnwurzel,
Abb. 2, rechts: Zahnschmelz, Zahnbein, Zahnhöhle, Zahnzement, Blutgefäße, Nerv

Das Sprichwort lautet: GUT GEKAUT IST HALB VERDAUT.

Fassung B (Rätselfigur, 12 Begriffe):
Abb. 1: **A.** Schneide-, **B.** Eck-, **C.** Backen-, **D.** Mahl-, **E.** WeisheitsZAHN
Abb. 2: **1.** ZAHNkrone, **2.** -hals, **3.** -wurzel, **4.** -schmelz, **5.** -bein, **6.** -hoehle, **7.** -zement

Das Lösungswort heißt: ZAHNBUERSTE

Klassenstufe: 5. - 6.
Schwierigkeitsgrad: *
Benötigte Zeit: 10 - 15 Minuten (Fassung 1), 5 - 10 Minuten (Fassung 2)

Weitere Hinweise:

Das Thema „Zähne" kann in **unterschiedlichem Zusammenhang** behandelt werden: beim Körperbau des Menschen (als Überleitung zu einer Unterrichtsreihe über Ernährung und Verdauung) und im Rahmen der Gesundheitserziehung (Zahnpflege). Je nach pädagogischem Vorhaben wird man dasjenige Rätsel auswählen, das aufgrund seiner Lösung besser zur beabsichtigten Schwerpunktbildung passt.

Bei der Auswahl des Rätseltyps spielt es auch eine Rolle, ob das Rätsel als Hausaufgabe oder in der Unterrichtsstunde gelöst werden soll. Das Entschlüsseln aller Symbole der Geheimschrift ist mit einem gewissen Zeitaufwand verbunden, weswegen die **1. Rätselfassung** sich eher **als Hausaufgabe** eignet. (Wichtig: Da die Symbole keinem Computerprogramm entstammen, können die Schüler sie auch nicht mit Hilfe des Computers zu Hause entschlüsseln.) Manche Schüler tragen die Bedeutung der Symbole, die sie entschlüsselt haben, gleich unter das verschlüsselte Sprichwort ein und nicht erst unter die zwecks besserer Überschaubarkeit nach Motiven (Kreisen, Quadraten, ...) sortierten Symbole unten auf der Rätselseite. Auch finden sie den Spruch mitunter, bevor alle 14 Einzelantworten vorliegen. Dennoch sollte man die Schüler zum Zwecke der beabsichtigten Stoffwiederholung die 14 Antworten zu Zahnarten (Abb. 1) und Zahnaufbau (Abb. 2) benennen lassen.

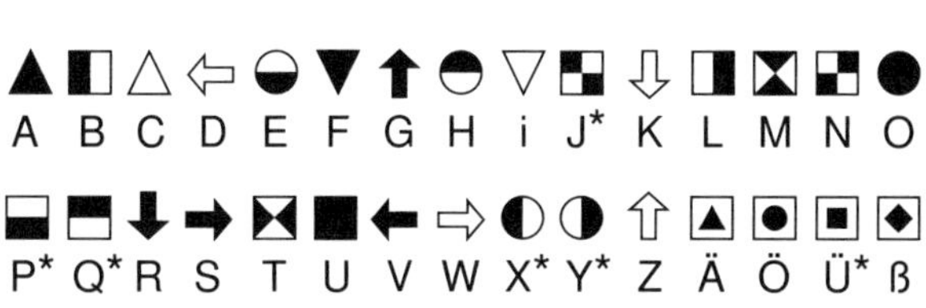

Kolleginnen und Kollegen, die selbst ein Rätsel in einer Geheimschrift herstellen möchten, deren Code nicht mittels Computer von den Schülern zu knacken ist, können auf den nebenstehenden Schlüssel zurückgreifen – er enthält auch für die im Zahn-Rätsel nicht vorkommenden Buchstaben (*) stilistisch passende Symbole.

Die **2. Rätselfassung** eignet sich wegen ihres Arbeitsblatt-Charakters besonders zur Bearbeitung **im Unterricht.** Gut kann man anhand von Abb. 1 zusätzlich die **Zahnformel** für das bleibende menschliche Gebiss aufstellen lassen. Ein Vergleich mit anderen Zahnformeln kann Schülern der angesprochenen Jahrgänge bereits einige interessante anatomisch-funktionelle Zusammenhänge aufzeigen. Beispiele von Raubtier-, Pflanzenfresser-, Nagetier-, Allesfressergebissen usw. sind in jedem Schulbuch vorhanden.

Die Zahnformel für **unser bleibendes Gebiss** ist $\frac{2\ 1\ 2\ 3}{2\ 1\ 2\ 3}$; für **unser Milchgebiss** gilt $\frac{2\ 1\ 2}{2\ 1\ 2}$.

Die Zahnformel für das Hundegebiss ist $\frac{3\ 1\ 4\ 2}{3\ 1\ 4\ 3}$. Schweine haben 44 Zähne, die Zahnformel heißt $\frac{3\ 1\ 4\ 3}{3\ 1\ 4\ 3}$.

Die Zahnformel für Elefanten $\frac{1\ 0\ 3^*\ 3^*}{0\ 0\ 3^*\ 3^*}$ zeigt, dass der Stoßzahn ein Schneidezahn ist. (Die Zähne mit * treten nicht gleichzeitig auf, sondern ersetzen sich nach und nach.)

Nahrung und Ernährung

– ein Silbenrätsel –

23 mal geht es in diesem Rätsel um unsere Ernährung. Trage die **gesuchten Begriffe** ein und streiche die verwendeten Silben stets durch; es darf keine Silbe übrig bleiben. Wenn du die **gesuchten Buchstaben** der Reihe nach jeweils von oben nach unten liest, erfährst du, wie wir uns richtig ernähren.

---

ba bal bauch ben bra brot but but chel chel cker darm de deln ding drü dünn
e ei fe feln frucht ga ge gen g(h)urt grund jo kar ke ko korn
la last le ma mar men mi milch mit mü na nah ne ne ne nu pud ren ri rungs
saft scho se se spei spei spu stär stof ße
ta te tel ten ter ter tof trau vi voll wand wei zu

---

1. bekannter Zucker, Lieferant von schnell verfügbarer Energie .... 3 = ... 4 = ...
2. Brot, das alle Teile der ungeschälten Getreidekörner enthält .... 9 = ... 8 = ...
3. Wand, durch die hindurch die verdauten Nährstoffe ins Blut gelangen .... 9 = ... 1 = ...
4. tierisches Fett, Molkereiprodukt .... 5 = ... x x x x
5. beliebte Süßigkeit .... 2 = ... 8 = ...
6. Bezeichnung für diejenigen Lebensmittel, die den Hauptanteil unserer Nahrung bilden .... 8 = ... 3 = ...
7. die unverdaulichen Bestandteile der pflanzlichen Nahrung, regen die Darmtätigkeit an .... 6 = ... 8 = ...
8. eines unserer Grundnahrungsmittel (Plural) .... 9 = ... 3 = ...
9. in zahlreichen Formen erhältliche, kochfertige, beliebte Getreideprodukte .... 2 = ... 4 = ...
10. lebenswichtige Wirkstoffe, von denen kleinste Mengen genügen .... 7 = ... 2 = ...
11. halbfestes Milchprodukt mit Obstzusatz .... 9 = ... 4 = ...
12. Flüssigkeit im Mund, macht die Nahrung gleitfähig und beginnt mit dem Stärkeabbau .... 1 = ... 6 = ...
13. ein Fleischgericht .... 2 = ... 5 = ...
14. Bezeichnung für Mineralstoffe, die der Körper nur in geringsten Mengen benötigt .... 5 = ... 6 = ...
15. Süßspeise, beliebter Nachtisch .... 5 = ... 3 = ...
16. Drüse, die Verdauungssäfte an den Dünndarm abgibt .... 4 = ... x x x x
17. erfrischendes, fettarmes Milchgetränk von säuerlichem Geschmack .... 11 = ... 3 = ...
18. Speisefett, wird aus verschiedenen Pflanzenfetten hergestellt .... x x x x 3 = ...
19. Gruppe von Nährstoffen, hoher Anteil in Fleisch, Fisch, Eiern, Käse .... 1 = ... 2 = ...
20. Körperflüssigkeit, die Eiweiße verdaut .... 6 = ... 5 = ...
21. Kohlenhydrat, Energielieferant, wesentlicher Bestandteil von Brot, Kartoffeln, Teigwaren .... 1 = ... 5 = ...
22. Gruppe von Lebensmitteln, reich an Vitaminen, Ballast- und Mineralstoffen .... 2 = ... 6 = ...
23. sehr beliebte, nahrhafte tropische Frucht .... 3 = ... 5 = ...

So ernähren wir uns richtig: ______________________ __________

__________ ______________ __________

Aus: Neue Rätsel im Biologieunterricht, Aulis Verlag Deubner & Co KG, Köln, 2000

Ein ausgewogenes Frühstück für 10- bis 13-jährige Schüler soll einen Brennwert bis zu **etwa 2500 kJ** haben und **rund 80 g Kohlenhydrate, knapp 20 g Fette und gut 20 g Eiweiße** enthalten. Vergleiche die drei Frühstücke untereinander und mit diesen „Sollwerten“.

Lebensmittel (100 g)	**Brennwert** (kJ / 100 g)	**Nährstoffanteil** (g / 100 g) Kohlenh.	Fette	Eiweiße
Weizenbrötchen (Magermilch)	1129	57	0,6	8,1
Roggen-Weizen-Mischbrot	1053	52	1,0	7,0
Roggen-Vollkorn-brot	836	46	1,1	7,8
Trauben-Nuss-Müsli	1464	55,5	9,0	11,0
Milch (Vollmilch)	269	4,8	3,5	3,4
Butter	3285	0,5	84,5	0,8
Schnittkäse (fett)	924	3	22	24
Wurst (Salami)	1838	0,4	31,3	32,1
Ei (ohne Schale)	630	0,6	11	14
Marmelade	1145	65	–	–

Frühstück (I)

Lebensmittel (Portion)	**Brennwert** (kJ / Port.)	**Nährstoffanteil** (g / Portion) Kohlenh.	Fette	Eiweiße
1 Brötchen (45 g)				
1 ScheibeVollkorn-brot (35 g)				
Butter (20 g)				
2 Scheiben Schnitt-käse (je 15 g)				
1 Scheibe Salami (15 g)				
1 Glas Milch (200 g)				
Frühstück I liefert:				

Frühstück (II)

Lebensmittel (Portion)	**Brennwert** (kJ / Port.)	**Nährstoffanteil** (g / Portion) Kohlenh.	Fette	Eiweiße
1 Brötchen (45 g)				
Butter (10 g)				
Marmelade (25 g)				
Müsli (60 g)				
1 Glas Milch (200 g)				
Frühstück II liefert:				

Frühstück (III)

Lebensmittel (Portion)	**Brennwert** (kJ / Port.)	**Nährstoffanteil** (g / Portion) Kohlenh.	Fette	Eiweiße
1 Brötchen (45 g)				
1 Scheibe Misch-brot (25 g)				
Butter (20 g)				
1 gekochtes Ei (55 g)				
Marmelade (20 g)				
1 Glas Milch (200 g)				
Frühstück III liefert:				

15 Lehrerseite

Lösung zu Rätsel 15:

1. Traubenzucker, 2. Vollkornbrot, 3. Dünndarmwand, 4. Butter, 5. Schokolade, 6. Grundnahrungsmittel, 7. Ballaststoffe, 8. Kartoffeln, 9. Nudeln, 10. Vitamine, 11. Fruchtjog(h)urt, 12. Speichel, 13. Braten, 14. Spurenelemente, 15. Pudding, 16. Bauchspeicheldrüse, 17. Buttermilch, 18. Margarine, 19. Eiweiße, 20. Magensaft, 21. Stärke, 22. Gemüse, 23. Banane

Die Lösung lautet: ABWECHSLUNGSREICH ESSEN UND AUSREICHEND TRINKEN

Klassenstufe: 5. - 6.
Schwierigkeitsgrad: *
Benötigte Zeit: 10 Minuten

Weitere Hinweise:

Mit dem Rätsel kann man das Thema **„Nahrung und Ernährung"** abschließen und zugleich zur nächstfolgenden Unterrichtseinheit **„Verdauung"** überleiten, zu der die Fragen 3, 12, 16 und 20 zählen. Die Antworten zu Nr. 3, 16, 20 können die Schüler gegebenenfalls aus den bis zum Schluss übrig gebliebenen Silben kombinieren. Die verwendeten Silben sollten sie stets mit Bleistift ausstreichen, damit sie bei eventuell erforderlichen Korrekturen nicht die Übersicht verlieren.

Das **Lösungsmotto**, das den Schülern vermutlich aus dem vorangegangenen Unterricht bekannt ist, soll dazu anregen, die wichtigsten Regeln für eine gesunde Ernährungsweise (nochmals) zusammenzustellen. Das zusätzliche **Arbeitsblatt** zum Vergleichen **dreier Frühstücke**, die sich jeweils in einigen „Punkten" voneinander unterscheiden, kann dazu mit herangezogen werden; die Werte für die drei Tabellen werden, falls die Schüler dazu aufgrund ihrer mathematischen Kenntnisse bereits in der Lage sind, gruppenteilig oder als Hausaufgabe ermittelt (s. unten); andernfalls trägt der Lehrer die Werte vor dem Kopieren in die Tabellen ein. Die Ergebnisse werden **ausgewertet** und auch mit den „Sollwerten" für ein ausgewogenes Frühstück verglichen (s. unten): Die Frühstücke haben nahezu gleiche Brennwerte; auffällig und typisch für die Kost in hochindustrialisierten Ländern ist, dass der Fettanteil stets höher als wünschenswert ist, besonders krass in Beispiel I; Frühstück II kommt dem „idealen" Frühstück am nächsten. Da es bei einer gesunden Ernährung wesentlich auch auf den Gehalt an Ballaststoffen, an Mineralstoffen / Spurenelementen und an Vitaminen ankommt, verweist man vielleicht noch darauf, dass ein „Pausenbrot" in Form von frischem Obst oder anderer Rohkost stets eine geeignete Ergänzung zum Frühstück darstellt.

Der tägliche Energiebedarf für Schüler zwischen 10 und 13 Jahren beträgt – in Abhängigkeit von Körpergewicht, Geschlecht und Tätigkeit – **zwischen 8 500 kJ und 10 000 kJ**, wobei ca. 55 % des Energiebedarfs von Kohlenhydraten gedeckt werden sollen, ca. 30 % von Fetten und ca. 15 % von Eiweißen. Nach Division der betreffenden Energiemengen durch die Brennwerte pro Gramm Nährstoff einer durchschnittlichen mitteleuropäischen Kost (17,2 kJ / g Kohlenh., 38,9 kJ / g Fett, 17,2 kJ / g Eiweiß) ergeben sich die empfehlenswerten Nährstoffmengen für einen Tag bzw. für ein **Frühstück** – dieses soll **etwa 1/4 des Tagesbedarfs** decken. Dem folgenden Beispiel liegt ein Tagesbedarf von 10 000 kJ bzw. ein Frühstück von rund 2 500 kJ zugrunde (Werte gerundet):

Deckung des täglichen Energiebedarfs	entsprechende Nährstoffmenge	„ideales" Frühstück
zu 55 % aus Kohlenh. = 5500 kJ	: 17 kJ / g Kohlenh. = 325 g	: 4 = 81 g Kohlenh.
zu 30 % aus Fetten = 3000 kJ	: 39 kJ / g Fett = 77 g	: 4 = 19 g Fett
zu 15 % aus Eiweißen = 1500 kJ	: 17 kJ / g Eiweiß = 90 g	: 4 = 23 g Eiweiße

Die Tabellen für die Frühstücke I, II und III werden wie folgt ausgefüllt (Werte meist gerundet):

(I)

Br. (kJ)	KH. (g)	F. (g)	E. (g)
508,1	25,65	0,27	3,65
292,6	16,1	0,39	2,73
657	0,1	16,9	0,16
277,2	0,9	6,6	7,2
275,7	0,06	4,70	4,82
538	9,6	7	6,8
2548,6	52,41	35,86	25,36

(II)

Br. (kJ)	KH. (g)	F. (g)	E. (g)
508,1	25,65	0,27	3,65
328,5	0,05	8,45	0,08
286,3	16,25	–	–
878,4	33,3	5,4	6,6
538	9,6	7	6,8
2539,3	84,85	21,12	17,13

(III)

Br. (kJ)	KH. (g)	F. (g)	E. (g)
508,1	25,65	0,27	3,65
263,3	13	0,25	1,75
657	0,1	16,9	0,16
346,5	0,33	6,05	7,7
229	13	–	–
538	9,6	7	6,8
2541,9	61,68	30,47	20,06

Die Sinnesorgane im menschlichen Ohr
– eine Rätselschnecke –

Trage die gesuchten Begriffe der Reihe nach, beginnend beim „ovalen Fenster", in die Rätselschnecke ein (Ä = AE, Ö = OE, Ü = UE). Das Rätsel ist fertig gelöst, wenn du beim „runden Fenster" angekommen bist. Die eingekreisten Buchstaben ergeben, hintereinander gelesen, als **Lösung des Rätsels** einen Merksatz; er lautet:

....

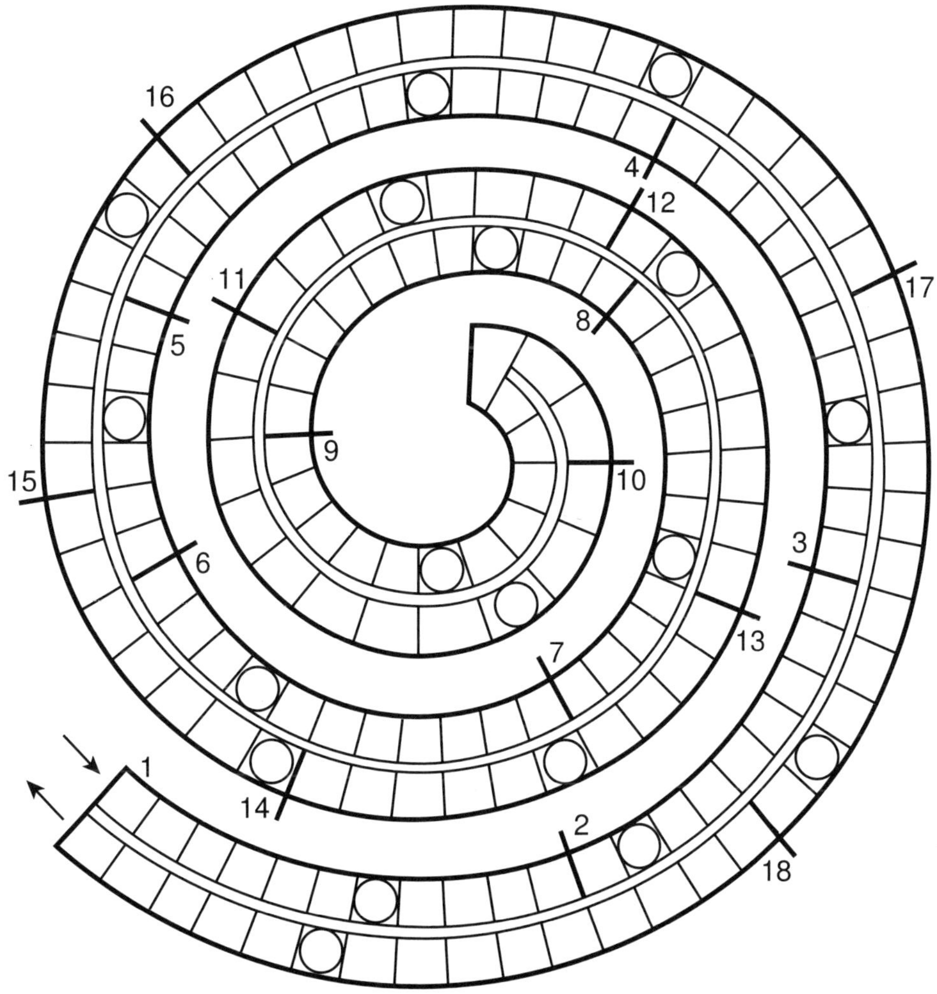

1. Membran am Ende des Gehörgangs, wird von ankommenden Schallwellen in Schwingung versetzt; **2.** kompliziert gebautes System von Gängen und Hohlräumen, enthält die Sinnesorgane des Innenohrs; **3.** aus drei Bögen bestehender Teil von Nr. 2, Sitz des Bewegungssinns; **4.** aus 2,5 Windungen bestehender Teil von Nr. 2, Ort der Umwandlung akustischer Reize in Nervenreize; **5.** das erste der drei Gehörknöchelchen, an der Innenseite des Trommelfells befestigt; **6.** das letzte, am ovalen Fenster ansitzende Gehörknöchelchen; **7.** ein Merkmal akustischer Wahrnehmungen, Maßeinheit: 1 phon; **8.** Verbindung zwischen Mittelohr und Nasen-Rachenraum, wird auch Eustachische Röhre genannt; **9.** der reizempfindliche Teil der Sinneszellen des Innenohrs; **10.** Teil im mittleren Gang der Gehörschnecke, überdacht die Gehörsinneszellen; **11.** Merkmal von Tönen, wird je nach Wellenlänge an unterschiedlichen Stellen entlang des Schneckengangs registriert; **12.** Sinn, dessen beide Sinnesorgane sich im Vorhof befinden und die Haltung des Kopfes registrieren; **13.** der untere der drei Gänge der Gehörschnecke, endet am runden Fenster; **14.** Maßeinheit für die Schallintensität (den Schalldruck), Abkürzung: dB, **15.** blasenartige Erweiterung jedes Bogengangs direkt am Vorhof, enthält die Sinneszellen für den Bewegungssinn; **16.** Folge zu starker und / oder zu langer Beanspruchung der Gehörsinneszellen; **17.** Frequenzintervall, das bei Jugendlichen von 16 Hz bis 20 000 Hz reicht; **18.** Fähigkeit, die auf dem Abstand zwischen den beiden Ohren beruht

Aus: Neue Rätsel im Biologieunterricht, Aulis Verlag Deubner & Co KG, Köln, 2000

Lösung zu Rätsel 16:

1. Trommelfell, 2. Labyrinth, 3. Bogengaenge, 4. Gehoerschnecke, 5. Hammer, 6. Steigbuegel, 7. Lautstaerke, 8. Ohrtrompete, 9. Sinneshaerchen, 10. Deckmembran, 11. Tonhoehe, 12. Lagesinn, 13. Paukengang, 14. Dezibel, 15. Ampulle, 16. Schwerhoerigkeit, 17. Hoerbereich, 18. Richtungshoeren

Die Lösung lautet: LAERM IST SCHAEDLICH

Klassenstufe: 8. - 10.
Schwierigkeitsgrad: ***
Benötigte Zeit: 15 Minuten

Weitere Hinweise:

Mit ihren 2,5 Windungen ist die „Rätselschnecke" in gewisser Weise der Gehörschnecke des Innenohrs nachempfunden; von den beiden Kästchenreihen kann die obere (am ovalen Fenster beginnende) als Vorhofgang interpretiert werden, die untere (am runden Fenster endende) als Paukengang, beide Kästchenreihen gehen dementsprechend am Helicotrema ineinander über. Der schmale Zwischenraum zwischen den beiden Kästchenreihen symbolisiert den blind endenden mittleren Kanal (den Schneckengang).

Nur, wenn das **Innenohr als Sitz mehrerer Sinnesorgane** ausführlich besprochen wurde, sollte man die Schüler anschließend mit dem Rätsel konfrontieren – es eignet sich dann zur Wissensfestigung, auch vorbereitend für eine schriftliche Lernkontrolle. Die Fragen zum Gehörsinn stehen deutlich im Vordergrund, **Lagesinn** (Schweresinn) und **Drehsinn** (Bewegungssinn) sind mit je einer Frage im Rätsel vertreten (Nr. 12, 15). Das Rätsel kann zu Hause oder in der Unterrichtsstunde bearbeitet werden, der **Lösungssatz** eignet sich für **ergänzende Bemerkungen**.

Der **Begriff „Lärm"** ist ein wertender Begriff, er ist negativ belegt: Als Lärm bezeichnet man jedes unerwünschte Schallereignis (das kann ein Ton, ein Klang, ein Geräusch, ein Knall sein). Lärm ist zumindest lästig und störend, er kann den Organismus aber auch nachhaltig schädigen.

Die **Auswirkungen von Lärm** können psychischer und physischer Natur sein (**Tabelle 1**). Sie hängen von der Intensität und Dauer der Einwirkung ab und sind situationsabhängig (z. B. gestörte Nachtruhe). Die Disposition der dem Lärm ausgesetzten Person spielt eine Rolle, auch ihre Einstellung gegenüber der speziellen Lärmquelle (z. B. Klavierspiel in der Nachbarwohnung, bellender Hund). Bei **Lärmschwerhörigkeit** fällt zuerst die Hörfähigkeit für hohe Töne aus. Ihre Rezeptoren liegen in der Nähe des ovalen Fensters und werden deshalb (etwa durch den Knall bei einer Explosion) stärker in Mitleidenschaft gezogen als die mehr helicotremawärts liegenden Rezeptoren für tiefere Töne. An **Arbeitsplätzen**, die als Lärmschutzbereiche ausgewiesen sind, was ab 90 dB(A) der Fall ist, müssen Lärmschutzgeräte getragen werden. Der Arbeitgeber muss sie ab 85 dB(A) zur Verfügung stellen. Diskomusik kann deutlich lauter sein (**Tabelle 2**).

Unsere **Lautstärkeempfindung ist frequenzabhängig**: Töne gleichen Schalldruckpegels empfinden wir als lauter, wenn ihre Frequenzen im Bereich von 2000 bis 5000 Hz liegen – hier ist das menschliche Ohr am empfindlichsten. Töne, die wir als gleich laut wahrnehmen, weisen demzufolge bei Frequenzen zwischen 2000 und 5000 Hz niedrigere Schalldruckpegel auf als tiefere und höhere Töne (**Abbildung**).

Anmerkungen:

1. **Schalldruck** und von ihm abgeleiteter **Schalldruckpegel** sind physikalisch definierte Größen und insofern (objektiv) **messbar**; der Schalldruckpegel wird in der Maßeinheit 1 Dezibel (= 1/10 Bel) angegeben. Hingegen beruhen quantitative Aussagen über **Lautstärken** und **Lautstärkepegel** auf (subjektiver) **vergleichender Wahrnehmung**; für dieserart gewonnene Lautstärkepegel gilt die Maßeinheit 1 phon. Vereinbarungsgemäß sind bei 1000 Hz Dezibel-Werte und phon-Werte gleich.
2. Zum **Messen von Lautstärken** verwendet man heute Geräte, die den Schalldruck unter Berücksichtigung der Frequenzabhängigkeit unseres Ohrs messen können – sie enthalten eingebaute Frequenzfilter, welche die Empfindlichkeit des Gerätes entsprechend unserem Hörvermögen beeinflussen. (Es gibt verschiedene Filtertypen, von denen üblicherweise der Typ A verwendet wird.) Die Maßeinheit für den **nach der Lautstärke bewerteten Schalldruckpegel A** heißt Dezibel (A) = dB(A). Wichtig: Die dB(A)-Werte entsprechen den nach wie vor gebräuchlichen phon-Werten näherungsweise.
3. Bei den Rätselfragen Nr. 7 und 14 wurde der Einfachheit halber nicht zwischen Schalldruck und Schalldruckpegel, auch nicht zwischen Lautstärke und Lautstärkepegel unterschieden, da Schüler des angegebenen Alters die logarithmischen Ausdrücke kaum verstehen könnten.

Tabelle 1:
Auswirkungen von Lärm auf den Organismus

ab 30 dB(A)	**psychische** Störungen, auch bereits **Schlafstörungen**
ab 65 dB(A)	einsetzende **Stressreaktionen**, z. B Anstieg des Adrenalinspiegels; **vegetative Regulationsstörungen**, z. B: Erhöhung der Herzfrequenz, Anstieg des Blutdrucks, periphere Gefäßverengungen
ab 90 dB(A)	**temporäre Vertaubung** (geringere Empfindlichkeit), bei Langzeiteinwirkung **irreversible Lärmschwerhörigkeit**
ab 120 dB(A)	Schädigung des **Nervensystems**

Tabelle 2:
dB(A)- bzw. phon-Werte einiger Geräusche

Hörschwelle	**0 - 4**
Flüstersprache	10 - 20
Umgangssprache	40 - 50
Lautsprechermusik	70 - 80
Straßenlärm	70 - 80
Maschinenraum	90
Pressluftbohrer (in 2 m Entfernung)	100 - 120
Diskomusik	100 - 125
Flugzeugmotor (in 2 m Entfernung)	120
Schmerzschwelle	**130**

Abbildung:
Kurven gleicher Lautstärke im Schalldruckpegel-Frequenz-Diagramm

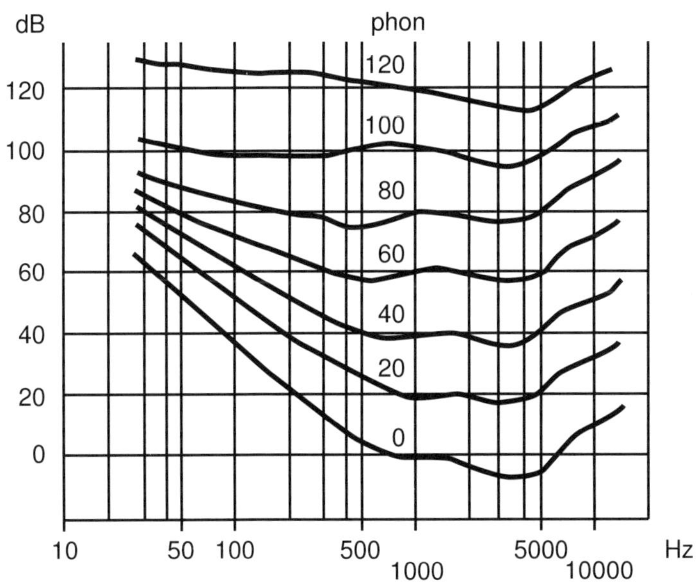

Kurven gleicher Lautstärke(pegel) bezeichnet man als **Isophonen**. Die dargestellten Isophonen weisen bei Frequenzen zwischen 2000 und 5000 Hz ein Minimum auf; dies besagt, dass unser Gehör im genannten Frequenzbereich am empfindlichsten ist.

Kreuz und quer durch das Reich der Sinne

– ein Kreuzworträtsel zum Auge und anderen Sinnesorganen –

Trage waagrecht und senkrecht die 49 gesuchten Begriffe ein und beachte dabei: Ä = AE, Ö = OE, Ü = UE, ß = SS. Die Buchstaben in den eingekreisten Feldern ergeben, in waagrechter Reihenfolge hintereinander gelesen, als 50. Begriff das **Lösungswort**. Es ist die Bezeichnung für die Bereiche der Großhirnrinde, in denen Sinnesreize zu bewussten Wahrnehmungen verarbeitet werden.

Waagrecht:

1. Sinn zur Wahrnehmung zahlreicher gasförmiger Stoffe
3. Maßeinheit für die Frequenz von Schwingungsvorgängen, z. B. für die Tonfrequenz (Abk.)
5. Farbe, die Menschen mit der häufigsten Art von Farbschwäche nicht von rot unterscheiden können
6. Geschmacksrichtung
9. Nerv, der die Meldungen der Lichtsinneszellen zum Gehirn weiterleitet
10. eine weitere Geschmacksrichtung
13. auf viele chemische Substanzen in der Luft ansprechender Bereich der Nasenschleimhaut
19. variable Öffnung, durch die Licht ins Augeninnere gelangt
21. Körperteil mit vier verschiedenartigen Sinneszellen zur Wahrnehmung gelöster Substanzen
23. Körperteil, in dem sich das „chemische Sinnesorgan" für gasförmige Substanzen befindet
25. die energiereiche Strahlung jenseits von violett, die wir mit dem Auge nicht wahrnehmen können (Abk.)
26. Hilfsmittel bei Fehlsichtigkeit
27. Körperteil, das mehrere „mechanische Sinnesorgane" enthält
28. einer der Sinne, deren Sinnesorgane sich im Innenohr befinden
29. mögliche Ursache für das Entstehen von Schwerhörigkeit
30. Aussehen von Gegenständen, die alle Anteile des weißen Lichtes im gleichen Maße, aber nicht vollständig, absorbieren
32. zelluläre Strukturen, an denen die Reizübertragungen stattfinden
33. das dritte der drei Gehörknöchelchen, mit dem ovalen Fenster der Gehörschnecke verbunden
34. das zentrale Organ, in dem alle Sinneseindrücke letztlich verarbeitet werden
35. Sinn, dessen Rezeptoren in der Haut (im oberen Bereich der Lederhaut) liegen
37. Membran an der Grenze zwischen Außen- und Mittelohr, wird von ankommenden Schallwellen in Schwingung versetzt
38. Stellen an der Hautoberfläche, die auf Temperaturen unter 36 °C reagieren
41. Komplementärfarbe zu blauviolett
42. Bereich der Zunge, in dem die Geschmacksrichtungen sauer und salzig wahrgenommen werden
43. Fachausdruck für Regenbogenhaut
44. Zellen, die den Sinneszellen nachgeschaltet sind und Nervenreize weiterleiten
45. in der Medizin genutzte Darstellungsweise für elektrische Vorgänge im Gehirn (Abk.)

Senkrecht:

2. Bezeichnung für die lichtempfindliche Substanz in den Sehzellen
4. die auf Farben ansprechenden Lichtsinneszellen
5. warzenförmige Erhebungen auf der Zunge, die die Geschmackssinneszellen enthalten
7. Schall, den wir nicht wahrnehmen können
8. die Rezeptoren für Sinnesreize
9. nicht nur in der Haut lokalisierter Sinn
11. die auf Helligkeit ansprechenden Lichtsinneszellen
12. Stellen auf der Haut, die höhere Temperaturen registrieren
13. eine wichtige Komponente des Hörens, die auf der Paarigkeit des Gehörsinnesorgans beruht
14. in seiner Krümmung veränderlicher Teil des Auges
15. Aussehen eines Gegenstandes, der das gesamte Tageslicht reflektiert
16. Schicht des Augenhintergrundes, die die Sehzellen enthält
17. Sehschwäche, die häufig auf dem Mangel an Vitamin A beruht
18. der für das Hören zuständige Teil des Innenohrs
20. Bereich der Zunge, in dem die Geschmacksempfindung „süß" registriert wird
22. Geschmacksrichtung, die im hinteren Zungenbereich registriert wird
24. eine der Geschmacksrichtungen, die wir am Zungenrand wahrnehmen
26. dreiteiliges System von Bögen im Innenohr, Sitz des Bewegungssinns
31. Maßeinheit für die Brillenstärke
36. unser größtes (Sinnes)organ, enthält Sinneszellen für mehrere mechanische Sinne
39. Schutz für das Auge
40. eine Schallart – kann hoch oder tief, laut oder leise sein

Aus: Neue Rätsel im Biologieunterricht, Aulis Verlag Deubner & Co KG, Köln, 2000

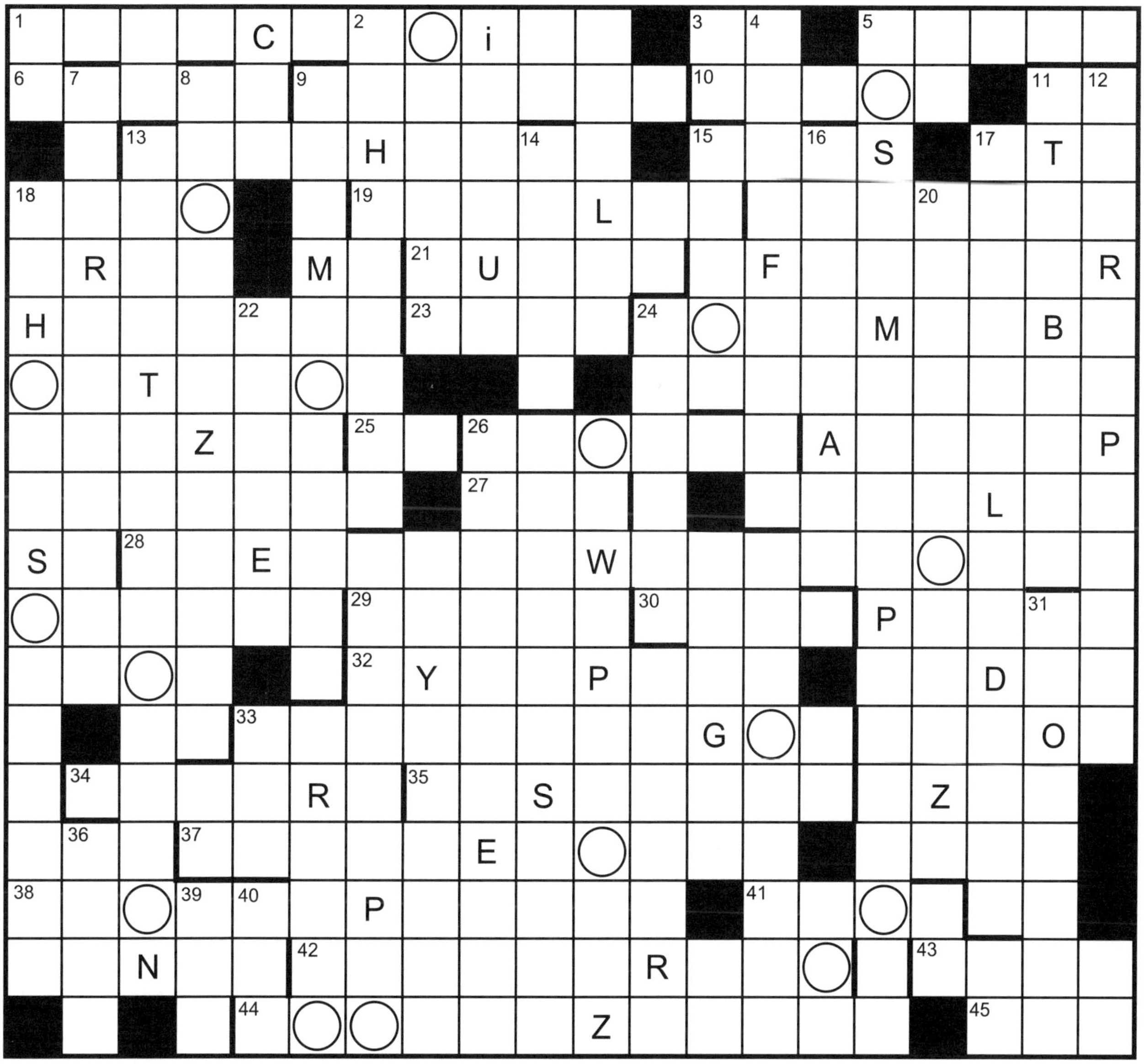

Die Lösung lautet:

Aus: Neue Rätsel im Biologieunterricht, Aulis Verlag Deubner & Co KG, Köln, 2000

Lösung zu Rätsel 17:

Waagrecht: 1. Geruchssinn, 3. Hz, 5. gruen, 6. suess, 9. Sehnerv, 10. sauer, 13. Riechfeld, 19. Pupille, 21. Zunge, 23. Nase, 25. UV, 26. Brille, 27. Ohr, 28. Gleichgewichtssinn, 29. Laerm, 30. grau, 32. Synapsen, 33. Steigbuegel, 34. Gehirn, 35. Tastsinn, 37. Trommelfell, 38. Kaeltepunkte, 41. gelb, 42. Zungenrand, 43. Iris, 44. Nervenzellen, 45. EEG

Senkrecht: 2. Sehpurpur, 4. Zaepfchen, 5. Geschmackspapillen, 7. Ultraschall, 8. Sinneszellen, 9. Schmerzsinn, 11. Staebchen, 12. Waermepunkte, 13. Richtungshoeren, 14. Linse, 15. weiss, 16. Netzhaut, 17. Nachtblindheit, 18. Gehoerschnecke, 20. Zungenspitze, 22. bitter, 24. salzig, 26. Bogengaenge, 31. Dioptrie, 36. Haut, 39. Lid, 40. Ton

Lösungswort: SENSORISCHE FELDER

Klassenstufe:	9. - 10.
Schwierigkeitsgrad:	**
Benötigte Zeit:	25 - 30 Minuten

Weitere Hinweise:

Das Kreuzworträtsel handelt vom **Bau** und den **Leistungen unserer Sinnesorgane** (Auge, Ohr, Zunge, Nase, Haut), die Fragen haben weitgehend **Wiederholungscharakter**. Wie bereits in der Rätselüberschrift angedeutet, bilden mit 17 von insgesamt 49 Fragen diejenigen zum Thema „Auge und Sehvorgang" einen Schwerpunkt des Rätsels. Die Sinnesorgane im Ohr und der Geschmackssinn sind mit 11 bzw. 8 Fragen im Rätsel vertreten. Einige Fragen zur Nase sowie zur Haut als Sinnesorgan und einige weitere zum Thema „Sinnesorgane – Sinnesreize – Weiterleitung von Sinnesreizen" runden die Thematik auf dem Anforderungsniveau der Sekundarstufe I ab.

Da keine besonders speziellen Sachverhalte erfragt werden, sind **die meisten Antworten relativ leicht** zu finden. Die Vorgabe einiger Buchstaben trägt dazu bei, dass sich schnell Erfolgserlebnisse einstellen. Andererseits müssen die Schüler aber einen **umfangreichen Themenkomplex** überblicken, was bekanntlich stets mit gewissen Problemen verbunden ist. Damit erreicht das Rätsel einen **insgesamt mittleren Schwierigkeitsgrad**; Frage Nr. 32 waagrecht geht möglicherweise über das Niveau der Sek. I hinaus. Eine Reihe von Fragen weist eine physikalische Komponente auf und zwar Nr. 30 und Nr. 41 waagrecht sowie Nr. 15 senkrecht (Optik / Farbenlehre), desgleichen Nr. 3 waagrecht und Nr. 40 senkrecht (Akustik); einige Vorkenntnisse aus dem Physikunterricht wären hier zu begrüßen.

Damit der Lehrer trotz der Fülle der erfragten Begriffe schnell überblicken kann, welche Fragen sich auf die einzelnen Sinnesorgane beziehen, sind die zugehörigen Antworten im Folgenden dementsprechend aufgeschlüsselt (in der Reihenfolge, in der sie im Rätsel vorkommen):

Auge:	gruen – Sehnerv – Pupille – UV – Brille – grau – gelb – Iris – Sehpurpur – Zaepfchen – Staebchen – Linse – weiss – Netzhaut – Nachtblindheit – Dioptrie – Lid
Ohr:	Hz – Ohr – Gleichgewichtssinn – Laerm – Steigbuegel – Trommelfell – Ultraschall – Richtungshoeren – Gehoerschnecke – Bogengaenge – Ton
Zunge:	suess – sauer – Zunge – Zungenrand – Geschmackspapillen – Zungenspitze – bitter – salzig
Nase:	Geruchssinn – Riechfeld – Nase
Haut:	Tastsinn – Kaeltepunkte – Waermepunkte – Haut
Sonstiges:	Synapsen – Gehirn – Nervenzellen – EEG – Sinneszellen – Schmerzsinn

Das **Lösungswort** eignet sich als **Schlüsselwort** zur Überleitung auf die vermutlich nächstfolgende Unterrichtseinheit, in der es um die Informationsübertragung, -verarbeitung und -auswertung von Sinnesreizen bis hin zur bewussten Wahrnehmung gehen dürfte. Obwohl diese Thematik in der Sekundarstufe I höchstens ansatzweise erörtert werden kann, eignet sie sich in besonderem Maße dazu, die Schüler neugierig zu machen auf den Biologieunterricht der höheren Klassen.

Der Körperbau des Menschen
– ein Silbenrätsel –

Mit Hilfe der angegebenen Silben sind die folgenden 26 Begriffe zu finden. Streiche die verwendeten Silben stets durch; es darf keine Silbe übrig bleiben. Die angegebenen Buchstaben ergeben, der Reihe nach gelesen, die **dreiteilige Lösung** des Rätsels.

ar	bal	bauch	bel	bi	bla	bläs	blut	bron			
chel	chen	chen	chen	chi	dif	drü	druck	en	en		
fell	fell	fu	gal	gen	gen	glas	haut	heits	hy		
in	ka	ka	keit	kel	kno	kno	kör	kus			
last	le	len	lett	luft	lun	lung	ly				
ma	mark	me	mel	mus	ne	nen	ner	nis			
o	on	per	phy	po	ral	re	ren	ren	ri	röh	röh
sa	säu	schleim	se	se	se	si	sich	ske	spei	stoff	sys
ta	te	tei	tem	ter	tig	to	trom				
ven	wand	weis	weit	wir	zäh	zell	zell	zent	zwerch		

1. Membran an der Grenze zwischen Außen- und Mittelohr, überträgt die Schallwellen auf die Gehörknöchelchen .... (6) ....

2. alle vom Herzen wegführenden Blutgefäße, besitzen eine besonders dicke Muskelschicht, enthalten keine Taschenklappen .... (6) ....

3. zentraler Teil unseres Skeletts .... (1) ....

4. kleinere Drüse, die sowohl Verdauungsfermente als auch Hormone produziert .... (8) ....

5. Transportmechanismus für Sauerstoff von den Lungenbläschen ins Blut und für Kohlenstoffdioxid vom Blut in die Lungenbläschen .... (2) ....

6. er entsteht (möglicherweise) durch zu viel Milchsäure in den Muskeln .... (3) ....

7. Skelettart der Wirbeltiere .... (6) ....

8. dieses Organ speichert die von der Leber produzierte Flüssigkeit, die bei der Fettverdauung hilft .... (5) ....

9. das Innere des Augapfels .... (5) .....

10. Hormone, Enzyme und Vitamine sind ... . (3) .....

11. die Blutbildung erfolgt im roten ... . (5) .....

12. Teil unseres Atmungssystems .... (1) .....

13. kleinste Hohlräume in den Lungen .... (5) .....

14. Teil des Magens .... (5) .....

15. sie befinden sich am Ende der Luftröhre .... (6) .....

16. übergeordnete Hormondrüse an der Unterseite des Gehirns .... (2) .....

17. wichtiges Kriterium für den Zustand des Kreislaufs, steigt bei Anstrengung und Aufregung .... (5) .....

18. Art der langen Knochen unserer Extremitäten .... (1) .....

19. Zellulose ist in unserer Ernährung ein ... . (2) .....

20. Fehlsichtigkeit aufgrund eines zu kurzen Augapfels oder einer zu geringen Linsenkrümmung .... (4) .....

21. in jeder Sekunde geschieht sie mehrere Millionen mal im Körper .... (2) .....

22. ein Atemmuskel .... (7) .....

23. diesen Zellbestandteil haben Tiere und Menschen nicht, aber Pflanzen .... (2) .....

24. die hintersten Mahlzähne heißen ... . (8) .....

25. es besteht aus Gehirn und Rückenmark .... (4) .....

26. Teil des Knies .... (2) ....

Die Lösung lautet: ____________________ ______________________________ ____________

Aus: Neue Rätsel im Biologieunterricht, Aulis Verlag Deubner & Co KG, Köln, 2000

Lösung zu Rätsel 18:

1. Tromm**e**lfell, 2. Arter**i**en, 3. **W**irbelsäule, 4. Bauchsp**e**icheldrüse, 5. D**i**ffusion, 6. Mu**s**kelkater, 7. Innen**s**kelett, 8. Gall**e**nblase, 9. Glas**k**örper, 10. Bi**o**katalysatoren, 11. Knoc**h**enmark, 12. **L**uftröhre, 13. Lung**e**nbläschen, 14. Mage**n**schleimhaut, 15. Bronc**h**ien, 16. H**y**pophyse, 17. Blut**d**ruck, 18. **R**öhrenknochen, 19. B**a**llaststoff, 20. Wei**t**sichtigkeit, 21. Z**e**llteilung, 22. Zwerch**f**ell, 23. Z**e**llwand, 24. Weishei**t**szähne, 25. Zen**t**ralnervensystem, 26. M**e**niskus

Lösungsworte: FIWEISSE – KOHLENHYDRATE – FETTE

Klassenstufe: 9. - 10.
Schwierigkeitsgrad: **
Benötigte Zeit: 15 - 20 Minuten

Weitere Hinweise:

Soll der **Körperbau** des Menschen **stichpunktartig wiederholt** und **abschließend zusammengefasst** werden, kann man gut auf dieses Silbenrätsel zurückgreifen. Die Fragen sind vielseitig, aber nicht kompliziert, so dass die Schwierigkeit des Rätsels eher darin besteht, dass die Schüler ein umfangreiches Sachgebiet inhaltlich überblicken müssen, als dass die Fragen zu schwer wären. Manche Zusammenhänge dürften auch bereits zum zweitenmal im Biologieunterricht auftreten, denn sie kamen in einfacherer Form evtl. schon in den Klassenstufen 5 / 6 vor.

Das Rätsel kann **im Unterricht** gelöst oder als **Hausaufgabe** bearbeitet werden. Es eignet sich auch gut zu **Vertretungsstunden** in fremden Klassen, da man stets davon ausgehen kann, dass Schüler der angegebenen Jahrgänge ausreichende Kenntnisse besitzen, um zumindest die größere Zahl der Antworten leicht finden zu können; der Rest ergibt sich dann aus den verbliebenen Silben.

In eigenen Klassen ermöglichen die drei **Lösungsworte** eine Überleitung zum Thema Stoffwechsel. Unabhängig davon, ob dies gewünscht wird, eignen sie sich in jedem Fall dazu, die Schüler – eigene wie fremde – mit dem **chemischen Aufbau der drei Stoffgruppen** etwas vertraut(er) zu machen. Wie weit das möglich ist, hängt davon ab, ob die Schüler die einfachsten Stoffgruppen der organischen Chemie bereits kennen, was in Klasse 10 durchaus der Fall sein kann. Man kann zumindest darauf aufmerksam machen, dass die im Biologiebuch verwendete Symbolik auf **typische Strukturmerkmale** der betreffenden Verbindungen hinweist.

- Die **Kohlenhydrate** werden üblicherweise durch einzelne bzw. miteinander verknüpfte Sechsecke dargestellt **(Abb. 1a)**. Sind bereits hinreichende chemische Kenntnisse vorhanden, kann man zusätzlich auf **Einzelheiten** eingehen, die **biologisch von Bedeutung** sind: Beispielsweise wäre ein **Vergleich Stärke / Cellulose** lohnend **(Abb. 1b, 1c)**, da sich mit ihm zeigen lässt, dass zwei Stoffe in ihren chemischen Eigenschaften und biologischen Funktionen grundlegend andersartig sein können trotz nur geringfügig unterschiedlicher Strukturformeln ihrer Bausteine.
- Von den üblichen Darstellungen für **Fettmoleküle** sind die Stimmgabel-förmigen **(Abb. 2a)**, da realitätsnäher, den E-förmigen **(Abb. 2b)** vorzuziehen; dieser Gesichtspunkt wird nicht in allen Biologiebüchern berücksichtigt. Dass Fette Molekülgemische sind, zeigt man, indem man mindestens zwei verschiedene Triglyceridmoleküle darstellt; eine zickzackförmige Wiedergabe der Fettsäurereste bringt inhaltlich nicht sehr viel und erscheint insofern unnötig.
- Für **Aminosäuren und Eiweiße** werden in den Biologiebüchern recht unterschiedliche Symbole verwendet, die aus chemischer Sicht nicht immer besonders geschickt sind; deshalb wird hier ein eigener, sehr stark schematisierter Vorschlag angeboten **(Abb. 3a, 3b)**, der sich ebenso leicht an die Tafel skizzieren lässt wie die Abbildungen 1a und 2a.

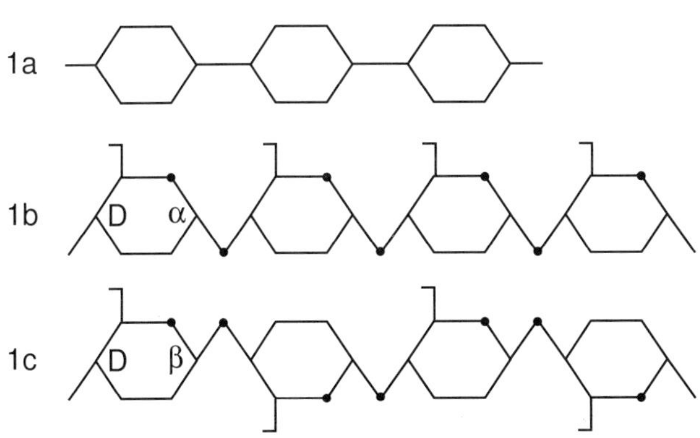

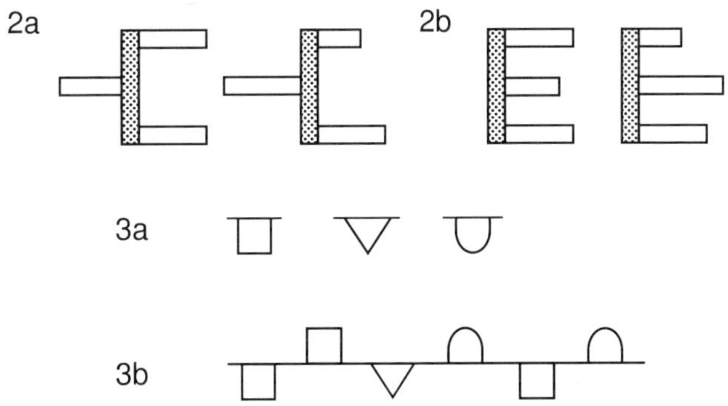

ABC der Krankheiten
– ein Rätselalphabet –

Krankheits**zeichen**, die besonders typisch sind, ermöglichen meist ein schnelles **Erkennen** der betreffenden Erkrankung, was für das erfolgreiche **Behandeln** des Patienten natürlich von Vorteil ist; andere Krankheitsbilder sind schwieriger und nur aufgrund großer Erfahrung oder mit Hilfe spezieller Untersuchungsmethoden richtig zu deuten.

Mit diesem Rätsel kannst du deine medizinischen Kenntnisse testen; die vorgegebenen Anfangsbuchstaben der beschriebenen Erkrankungen helfen dir, die genannten Befunde richtig zu interpretieren und die betreffenden Krankheiten zu benennen. Wenn du deine Antworten eingetragen hast (Ä = AE, Ö =OE, Ü = UE, ß = SS) und dann die Buchstaben der markierten Felder wie angegeben aneinander reihst, erhältst du die **dreiteilige Lösung** des Rätsels.

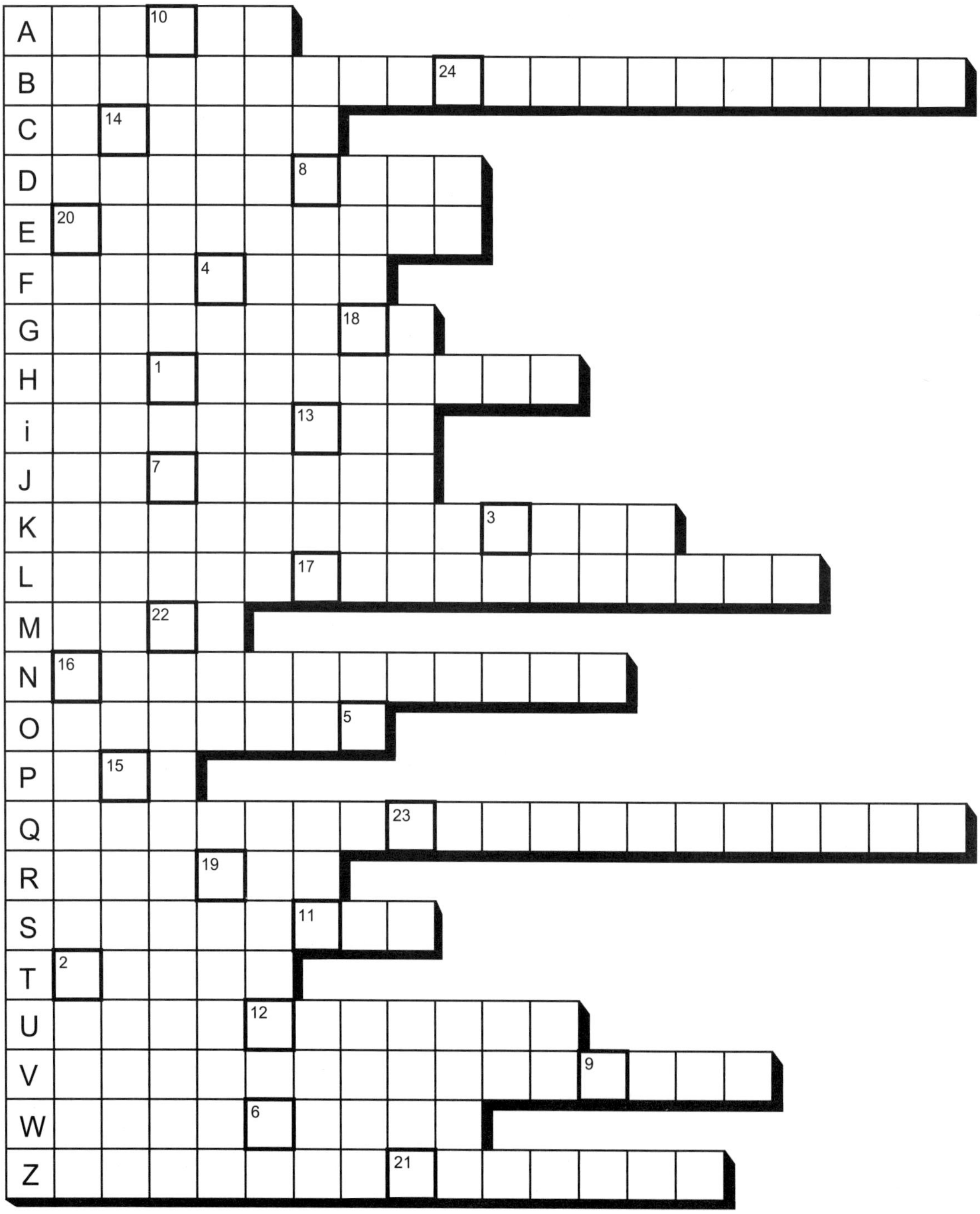

Aus: Neue Rätsel im Biologieunterricht, Aulis Verlag Deubner & Co KG, Köln, 2000

Beschreibung der Erkrankungen, deren Namen im Rätsel gesucht werden:

A – infektiöse Entzündung im Rachenbereich, die mit Fieber und allgemeinem Krankheitsgefühl einhergeht; Halsschmerzen und Schluckbeschwerden treten auf; ein stark geröteter Rachen, geschwollene Mandeln, die u. U. kleine Eiterpfropfen tragen, und eine stark belegte Zunge sind typisch; Penicillin hilft

B – charakteristische Warnsignale sind plötzliches Erbrechen und rechtsseitige Bauchschmerzen, die noch verstärkt werden können, wenn man mit der rechten Ferse auf den Boden stampft; meist ist eine umgehende Operation erforderlich

C – hochinfektiöse Durchfallerkrankung, wird mit dem Trinkwasser übertragen; kommt in nahezu allen tropischen und subtropischen Gebieten vor; tritt bei uns nur noch auf, wenn sie eingeschleppt wurde; sehr kurze Inkubationszeit; besonders gefährlich der enorm hohe Flüssigkeitsverlust, der zu Kreislaufversagen führen kann; Antibiotika helfen; Schutzimpfungen sind möglich

D – durch Bakterien hervorgerufene, anzeigepflichtige, hoch fieberhafte Infektionskrankheit, gegen die bei uns bereits die Säuglinge geimpft werden; charakteristisch ein grau-weißer, fest haftender Belag auf Mandeln und Rachenschleimhaut; starke Schwellung der Drüsen, so dass Erstickungsgefahr besteht; andere Organe, vor allem das Herz, können in Mitleidenschaft gezogen werden

E – katarrhalische Erkrankung der oberen Luftwege, die sich in Husten, Schnupfen, Heiserkeit und Halsschmerzen äußert; wird meist durch Viren hervorgerufen, weswegen auch Antibiotika nicht helfen

F – häufig auftretende Hauterkrankung, die meist an feuchten, warmen Hautstellen beginnt und mit Bläschenbildung und Juckreiz einhergeht; man infiziert sich leicht in Schwimmbädern – Vorbeugung ist aber möglich

G – meist durch Viren hervorgerufene und dann infektiöse Leberentzündung; die gesamte Haut ist typisch verfärbt, was der Krankeit den Namen gibt; man unterscheidet verschiedene Arten, die von unterschiedlicher Schwere sind und auch auf unterschiedliche Weise übertragen werden; am weitesten verbreitet sind die epidemische Form (Typ A), die leichter verläuft und durch direkten Kontakt, aber auch durch verunreinigte Nahrungsmittel, besonders Muscheln, übertragen wird, und die auf dem Blutweg übertragene schwerer verlaufende Form (Typ B), die zudem chronisch werden kann

H – wer im Frühjahr, wenn andere sich über die blühende Natur freuen, plötzlich mit Laufnase, tränenden Augen, auch asthmaartigen Erscheinungen geplagt ist, leidet mit ziemlicher Sicherheit unter dieser weit verbreiteten Form der Allergie

I – epidemisch und meist im Frühjahr auftretende, von Viren hervorgerufene schwere Infektionskrankheit; von den sog. grippalen Infekten, die leichter verlaufen, zu unterscheiden; Fieber, Kopf- und Gliederschmerzen, Mattigkeit und katarrhalische Begleiterscheinungen bilden zusammen das charakteristische Krankheitsbild; Kreislaufkomplikationen können hinzutreten; Verlauf bedrohlich, wenn es zu bakteriellen Sekundärinfektionen wie Lungen- oder Mittelohrentzündung kommt; noch lange Zeit nach überstandener Erkrankung Abgeschlagenheit; im Herbst besteht Impfmöglichkeit mit dem jeweils aktualisierten Impfstoff

J – kann Ursache sein für eine Schilddrüsenunterfunktion und deren Folgeerkrankungen wie z. B manche Arten der Kropfbildung und ein mit Müdigkeit und Gewichtszunahme einhergehender, verlangsamter Stoffwechsel

K – Beginn der Viruserkrankung mit Fieber, Kopfschmerzen und Nackensteife; Lähmungen treten auf; in Mitteleuropa dank flächendeckender Impfungen weitgehend zurückgedrängt – allerdings treten durch inkonsequente Durchführung bereits wieder Impflücken auf

L – bakterielle Erkrankung der Lungen, praktisch jeder kann sich infizieren; die Krankheit bricht aber bei guter körperlicher Verfassung i. a. nicht aus; typisch sind Hüsteln, Gewichtsabnahme, geringe Temperaturerhöhung, nächtliche Schweißausbrüche; die sog. offene Form ist hochinfektiös (Tröpfcheninfektion)

M – sehr ansteckende Virusinfektion mit schmerzhafter Schwellung der Ohrspeicheldrüsen; im Backenbereich und unter dem Kiefer deutlich sichtbare Anschwellungen und abstehende Ohrläppchen; die Schwellung beginnt oft einseitig und greift nach 3 - 4 Tagen auf die andere Seite über; bei Jungen nach der Pubertät kann als nicht ungefährliche Begleiterkrankung eine Hodenentzündung hinzukommen

N – eine stark juckende, aber nicht ansteckende Hautkrankheit (bei Säuglingen tritt sie als Milchschorf auf); bestimmte Textilien und Nahrungsmittel müssen gemieden werden

O – ein meist nur kurz anhaltender, harmloser Zustand von Bewusstlosigkeit, der auf unzureichender Gehirndurchblutung infolge plötzlichen Kreislaufversagens beruht; Vorzeichen sind Blässe, kalter Schweiß, Sehstörungen und ein stark absinkender Butdruck

P – sehr gefährliche, hoch fieberhafte Infektionskrankheit, wird durch Rattenflöhe auf den Menschen übertragen; war früher weltweit verbreitet, heute auf einzelne Herde beschränkt; unbehandelt hohe Sterblichkeit; gut behandelbar mit Antibiotika, vorbeugende Impfung mit inaktivierten Bakterien möglich; kennzeichnend sind ein Anschwellen der Lymphknoten zu Beulen, Erbrechen, Atemnot und durch Blutungen hervorgerufene schwarze Flecken auf der Haut

Q – Lähmung der Beine, verbunden mit Störungen der Darm- und Harnblasentätigkeit; kann als Folge einer Unfallverletzung der Wirbelsäule auftreten, wenn dabei das Rückenmark stark beschädigt wurde; Rehabilitation kann das schwere Krankheitsbild verbessern helfen

R – Infektionskrankheit, Hautausschlag mit rötlichen Flecken, der wie bei einer abgeschwächten Masernerkrankung aussieht (deren schwere Begleiterscheinungen wie sehr hohes Fieber, trockner Husten und Lichtempfindlichkeit fehlen jedoch); gefährlich für Schwangere, weil es beim ungeborenen Kind zu Missbildungen kommen kann; bis zur Pubertät nicht erkrankte Mädchen sollten unbedingt geimpft werden

S – Infektionskrankheit; ein feuerroter Rachen, eine dicke Zunge und ein feinfleckiger, roter Hautausschlag sind typisch, auch die gegen Ende der Erkrankung auftretende Hautschuppung; früher als Kinderkrankheit sehr gefürchtet, heute mit Penicillin behandelbar, wodurch es allerdings nicht zum Aufbau einer Immunität kommt, so dass man mehrmals erkranken kann

T – meldepflichtige Durchfallerkrankung; Aufnahme der Erreger (Salmonellen) mit Nahrung und Getränken oder durch direkten Kontakt; wochenlang sehr hohes Fieber; Behandlung mit Antibiotika möglich

U – bei uns schon fast eine Volkskrankheit / Zivilisationskrankheit, die auftritt, wenn man zu viel, zu fett und zu süß isst; hat nicht nur ein unvorteilhaftes Aussehen zur Folge, sondern übt vor allem einen ungünstigen Einfluss auf den Kreislauf aus

V – kann entstehen, wenn es zu Blutstauungen in den Beinen kommt, beispielsweise bei Personen, die im Beruf lang stehen müssen; ein Stechen in den Beinen ist zu spüren, Anschwellungen können sich bilden; Hochlagern der Beine kann Abhilfe schaffen, reicht aber oft nicht aus

W – Virusinfektion, sehr flüchtiger Erreger; auf der Haut zahlreiche rote Flecken, die zu Bläschen werden, stark jucken und später eintrocknen; Narbenbildung nur, wenn man die Bläschen aufkratzt; bei Erwachsenen kommt es mitunter nach Jahren (ohne erneute Ansteckung) zu einem zweiten Krankheitsausbruch in Form einer Gürtelrose

Z – macht sich bemerkbar durch Müdigkeit, Gewichtsabnahme, ständigen Durst und Hautjucken; in Blut und Urin ist ein erhöhter Gehalt an Traubenzucker nachweisbar; tritt besonders im Kindesalter und – in anderer Form – bei älteren Menschen auf; eine spezielle Diät, Medikamente, evtl. auch tägliches Spritzen sind die Behandlungsmethoden

Lösung:

1	2	3	4	5	6	7	8	9	10	11	12	13	14	15	16	17	18	19	20	21	22	23	24

Aus: Neue Rätsel im Biologieunterricht, Aulis Verlag Deubner & Co KG, Köln, 2000

Lösung zu Rätsel 19:

Angina, **B**linddarmentzuendung, **C**holera, **D**iphtherie, **E**rkaeltung, **F**usspilz, **G**elbsucht, **H**euschnupfen, **I**nfluenza, **J**odmangel, **K**inderlaehmung, **L**ungentuberkulose, **M**umps, **N**eurodermitis, **O**hnmacht, **P**est, **Q**uerschnittslaehmung, **R**oeteln, **S**charlach, **T**yphus, **U**ebergewicht, **V**enenentzuendung, **W**indpocken, **Z**uckerkrankheit

Lösungsworte: SYMPTOME – DIAGNOSE – THERAPIE

Klassenstufe: 8. - 10.
Schwierigkeitsgrad: **
Benötigte Zeit: ca. 20 Minuten

Weitere Hinweise:

Schwerpunktmäßig bezieht sich das Rätsel auf **Infektionskrankheiten**, so dass das Rätsel z. B. den Abschluss einer Unterrichtsreihe über Abwehrmechanismen unseres Körpers bilden könnte. Aber auch Erkrankungen anderer Art (Zivilisationskrankheiten, Stoffwechselerkrankungen) werden im Rätsel erfragt; die **vorgegebenen Anfangsbuchstaben** ermöglichen in allen Fällen ein schnelles und sicheres „Diagnostizieren".

Das Rätsel kann besonders gut als **Hausaufgabe** aufgegeben werden – dann haben die Schüler ausreichend Zeit, um sich die Fragen gründlich durchzulesen; wird es im Unterricht bearbeitet, kommt dieser Aspekt möglicherweise zu kurz.

Leicht kann man durch **Austausch** einzelner Krankheitsbilder **andere Schwerpunkte** setzen und so ein neues Rätsel herstellen. Beispielsweise könnte man einige weitere **Zivilisationskrankheiten** in das Rätsel aufnehmen, wofür man das Raster – Zahl der Kästchen, eingerahmte Buchstabenfelder und deren Bezifferung – natürlich entsprechend ändern und die neuen Umschreibungen in den Text einfügen muss.

Im Folgenden werden **fünf Änderungen vorgeschlagen**; sie machen eine sechste Änderung erforderlich, die aber nur ein Buchstabenaustausch ist. Die alten bzw. neu einzurahmenden Buchstaben(felder) sind fett gedruckt; sie erhalten die zum jeweiligen Buchstaben der Lösung gehörende Ziffer – es sind die gleichen Ziffern, die sie auch vorher hatten. Es gilt also für I : 10, für T : 5, für O : 14, für E : 24, für S : 1, für M : 3.

A	: statt bisher Ang**i**na	jetzt Arter**i**osklerose,
B	: statt bisher Blinddarm**e**ntzuendung	jetzt Blu**t**hochdruck,
C	: statt bisher Ch**o**lera	jetzt Ch**o**lesterinspiegel,
H	: statt bisher Heu**s**chnupfen	jetzt H**e**rzinfarkt,
K	: statt bisher Kinderlaeh**m**ung	jetzt Karie**s**,
O	: statt eines eingerahmten T bei Ohnmach**t**	jetzt ein eingerahmtes M, also Ohn**m**acht

Die **zugehörigen Umschreibungen** könnten lauten:

A – Gefäßleiden mit schwerwiegenden Folgen für Herz und Kreislauf, Zivilisationskrankheit, auch altersbedingt, Verengung der Adern sowie Verhärten und Brüchigwerden der Aderwände sind charakteristisch

B – Erkrankung des Kreislaufsystems; wer daran leidet, sollte salz- und fettarm essen, Übergewicht meiden, keinen Bohnenkaffee trinken

C – einer von zahlreichen sog. Blutwerten; ist er zu hoch, muss Fett gemieden werden, um einer Gefährdung des Kreislaufs vorzubeugen

H – gefürchtete Folge der Verengung herznaher Blutgefäße, tritt bei deren vollständigem Verschluss meist plötzlich ein, wird auch Managerkrankheit genannt; wichtige Vorbeugemaßnahmen: kein Stress, kein Rauchen

K – Zivilisationskrankheit, von der bei uns über 90 % der Bevölkerung befallen sind; Hauptursache liegt im erhöhten Konsum von Zucker und Süßigkeiten

ABC der Menschenkunde
– ein Rätselalphabet –

Suche zu jedem Satz den passenden Begriff und trage die gefundenen Begriffe in die dafür vorbereiteten Felder ein (Ä = AE, Ü = UE, ß = SS)!
Wenn du dann die eingerahmten Buchstaben entsprechend ihrer Nummer in die Felder für die Lösung des Rätsels einträgst, ergeben sich **als Lösungsworte drei große Gefahren**.

Gegen zahlreiche Infektionskrankheiten hilft ein von Pilzen hergestelltes [A].

Zur [B] benötigen wir das Zwerchfell.

Die [C] sind unsere wichtigsten Darmbakterien.

[D] sondern verschiedenartige Stoffe ab, z. B. Hormone, Speichel, Magensaft, Schweiß.

Die [E] folgen seitlich auf die Schneidezähne.

Der [F] wird durch Hautleisten erzeugt, deren Muster bei jedem Menschen anders ist.

Gelenkpfanne und [G] bilden die wichtigsten Teile eines Gelenks.

Die feinsten Adern unseres Körpers nennt man [H].

Eine [I] kann Schutz- oder Heilfunktion haben.

[J] kann zu Schilddrüsenerkrankungen führen.

Gute Zahnpflege schützt uns vor [K].

Die Lungen enthalten mehrere hundert Millionen [L].

Der [M] als knorpeliger Bestandteil des Kniegelenks wird bei Fußballspielern häufig verletzt.

Die beiden [N] reinigen das Blut.

Die [O] leitet die Schallwellen in den Gehörgang.

Die [P] werden bei hellem Licht kleiner.

Die Muskeln des Herzens und die willkürlichen Muskeln sind [Q].

Das [R] ist ein wesentlicher Bestandteil des Zentralnervensystems.

Das [S] stützt uns, schützt uns und hilft uns bei fast allen Bewegungen.

Mit dem [T] nehmen wir Berührungen wahr, besonders gut an den Fingerspitzen.

Die beiden [U] heißen Elle und Speiche.

Alle zum Herzen hinführenden Blutgefäße heißen [V].

Die [W] stützt unseren Körper und schützt das Rückenmark.

In der [Z] befindet sich unser Geschmackssinnesorgan.

Aus: Neue Rätsel im Biologieunterricht, Aulis Verlag Deubner & Co KG, Köln, 2000

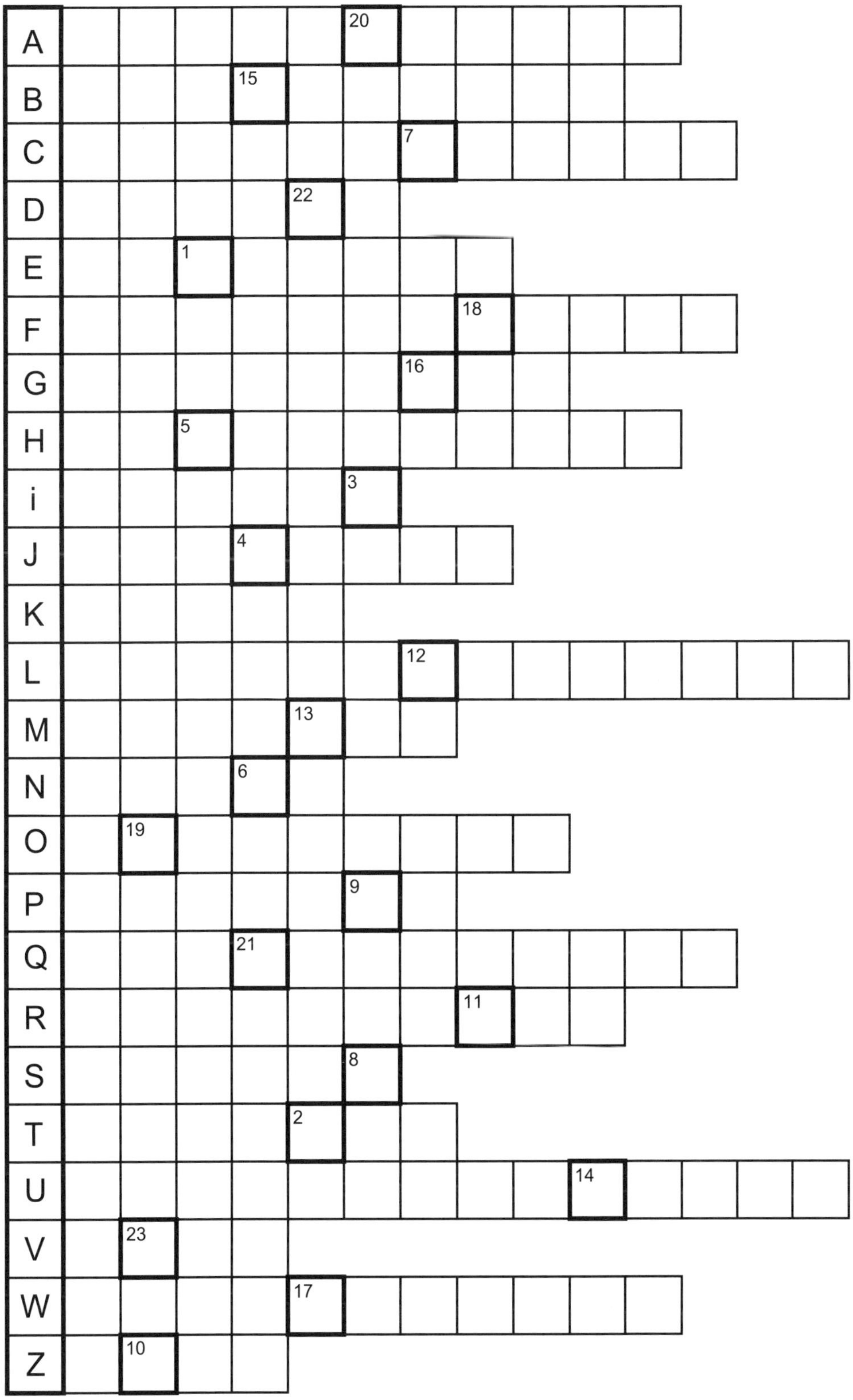

Die (gefährliche) Lösung lautet:

1	2	3	4	5	6	7	8	9	10	11	12	13	14	15	16	17	18	19	20	21	22	23

Aus: Neue Rätsel im Biologieunterricht, Aulis Verlag Deubner & Co KG, Köln, 2000

Lösung zu Rätsel 20:

Antibiotikum, **B**auchatmung, **C**olibakterien, **D**ruesen, **E**ckzaehne, **F**ingerabdruck, **G**elenkkopf, **H**aargefaesse, **I**mpfung, **J**odmangel, **K**aries, **L**ungenblaeschen, **M**eniskus, **N**ieren, **O**hrmuschel, **P**upillen, **q**uergestreift, **R**ueckenmark, **S**kelett, **T**astsinn, **U**nterarmknochen, **V**enen, **W**irbelsaeule, **Z**unge

Lösungsworte: ZIGARETTEN – ALKOHOL – DROGEN

Klassenstufe: 5. - 6.
Schwierigkeitsgrad: **
Benötigte Zeit: 20 Minuten

Weitere Hinweise:

Das Rätsel ist **breit gefächert**; angesprochen werden die Themen Körperbau, Bewegung, Stoffwechsel, Sinnesorgane, Atmung und Kreislauf. Das Rätsel eignet sich zu einer **stichpunktartigen Wiederholung** gegen Ende des Schul(halb)jahres, in dem die Menschenkunde erstmalig auf dem Lehrplan stand. Weil sich die Schüler einen über einen langen Zeitraum erarbeiteten Wissensstoff wieder vergegenwärtigen müssen, fällt ihnen das Lösen des Rätsels nicht ganz leicht; zudem erfolgt das Abfragen nicht in der sonst üblichen Fragetechnik. Das Rätsel kann in eigenen Biologieklassen und auch in Vertretungsstunden bei fremden Schülern verwendet werden.

In eigenen 5. und 6. Klassen bieten sich die **drei Lösungsworte** an für eine Unterrichtseinheit über die **Gefahren Sucht auslösender Substanzen**.
Zwei Gesichtspunkte sind es zumindest, auf die Schüler des angesprochenen Alters im Biologieunterricht hingewiesen werden sollten:

- Nikotin und Alkohol sind wie die Drogen im engeren Sinne **psychotrope Substanzen**. Sie rufen wie diese **schon nach kürzester Zeit Abhängigkeit** hervor. Abhängigkeit bedeutet Aufhebung der Willensfreiheit und nach und nach Persönlichkeitszerfall. Abhängigkeit bedeutet auch, dass es bei Unterbrechung weiterer Zufuhr zu Entzugserscheinungen kommt; **Entzugserscheinungen** sind z. B. Reizbarkeit, innere Unruhe, Angst.
- Bei den Krankheitsbildern infolge des Missbrauches von Alkohol, Nikotin oder anderen Drogen ist zu unterscheiden zwischen **relativ schnell einsetzenden Wirkungen** – keinesfalls nur den erwünschten – und **Langzeitfolgen**; beide können **körperlicher und psychischer Art** sein. Es bringt somit nicht nur **akute Gefahren** mit sich, sondern kann durchaus **auch lebenslange Erkrankungen** zur Folge haben, wenn man schon in jungen Jahren zum Kettenraucher wird, dem Alkohol frönt – aus welchen Gründen auch immer – oder z. B. zum besseren Durchhalten von Diskoparties Ecstasy, die derzeitige Partydroge Nr. 1, schluckt.

Als Beispiel für **organische Langzeitschäden** kann die folgende Darstellung von Erkrankungen des Herz-Kreislauf-Systems, hervorgerufen durch **Nikotin** im Tabakrauch, herangezogen werden (aus: Praxis der Naturwissenschaften Biologie Heft 5, Aulis Verlag, Köln 1996; vereinfacht).

Abb.: **Langzeitschäden am Herz-Kreislauf-System durch Nikotin**

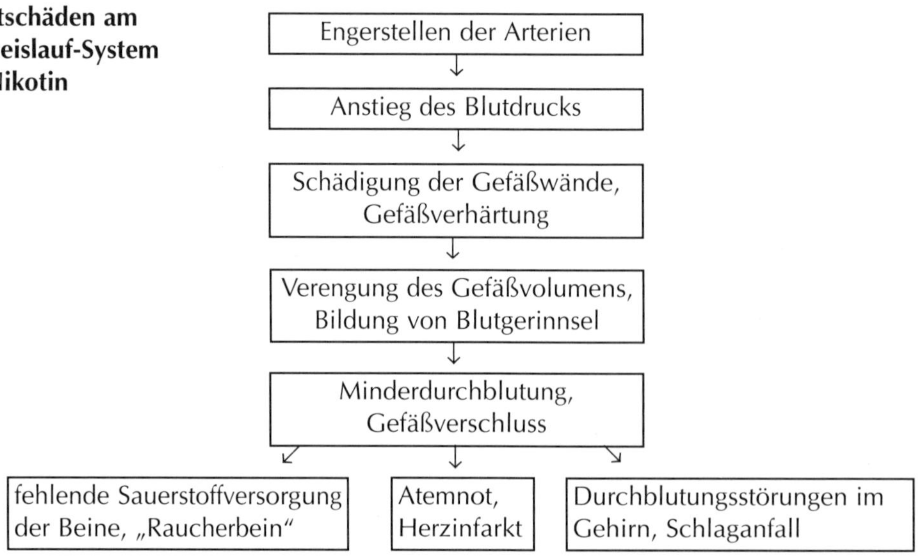

Der bekannte Versuch, eine Zigarette mittels Wasserstrahlpumpe durch ein mit Kochsalz gefülltes Glasrohr abzurauchen (Länge ca. 30 cm, Durchmesser 5 - 8 mm), schließt sich an und zeigt eindrucksvoll die Menge der **Teerprodukte**, die beim Rauchen nur einer einzigen Zigarette in der Lunge kondensieren; auf die Kanzerogenität von Teerprodukten sollte hingewiesen werden.

Alkohol- und Drogeneinfluss sind bei jungen Leuten, die gerade erst ihren Führerschein haben, oft akut lebensgefährlich, wie die **Unfallhäufigkeit auf der Heimfahrt nach Diskothekenbesuchen** zeigt.
Dieser Aspekt ist für Schüler zwischen 10 und 13 Jahren gut zu verstehen, besser als die Langzeitfolgen körperlicher und erst recht psychosozialer Art bei Alkoholismus und Drogenabhängigkeit. Zwei Tabellen können hier hilfreich sein:

Tabelle 1 nennt die **typischen zentralnervösen Störungen nach Alkoholkonsum**, wobei auch wichtig ist, den Schülern mitzuteilen, dass sich die Aufnahme gleicher Alkoholmengen bei verschiedenen Personen sehr verschiedenartig auswirken kann; auch kann schon weit unterhalb der Grenze für das Verbot des Führens von Kraftfahrzeugen Fahruntüchtigkeit vorliegen.

Tab.1: **Blutalkoholkonzentration und zentralnervöse Vergiftungssymptome**

Blutalkohol-konzentration	Symptome
ab 0,3 ‰	Redseligkeit, gesteigerter Bewegungsdrang, in Einzelfällen bereits Beeinträchtigung der Fahrtüchtigkeit
ab 0,5 ‰	verlängerte Reaktionszeit, verminderte Konzentrationsfähigkeit, verminderte Sinnesleistungen (z . B. verringerte Hell-Dunkel-Adaption, fehlerhafte Entfernungsabschätzung), Versagen bei Koordinationstests
ab 1,0 ‰	Euphorie, Enthemmung, Überschätzung der eigenen Fähigkeiten, deutliche motorische Störungen, stark verzögerte Reaktionsabläufe, deutlich herabgesetzte Konzentrationsfähigkeit
ab 1,5 ‰	Verlust der Selbstkontrolle, Sprach-, Gleichgewichts- und Koordinationsstörungen, Versagen der Hell-Dunkel-Adaption
ab 2,0 ‰	starker Rauschzustand, erhebliche Gleichgewichts- und Koordinationsstörungen, Orientierungsschwierigkeiten, Angstzustände, innere Unruhe, Aggressivität
ab 3,0 ‰	Lähmungserscheinungen, Störungen der Herz- und Atemtätigkeit, Bewusstseinstrübung, Erinnerungslücken
ab 4,0 ‰	tiefe Bewusstlosigkeit, Atemstillstand

Die folgende **Tabelle 2** zeigt den **Zusammenhang zwischen akutem Drogenkonsum und dem zu erwartenden Fahrverhalten** (aus: Praxis der Naturwissenschaften Biologie Heft 5, Aulis Verlag, Köln 1996; stark gekürzt).

Zunächst stellt man mit den Schülern zusammen, **welche Einzelleistungen zum sicheren Führen eines Fahrzeuges**, auch eines Fahrrades oder Mofas, erforderlich sind. Sie müssen dabei einen äußerst komplexen biologischen Vorgang in Einzelaspekte aufzuschlüsseln versuchen, was eine schwierige gedankliche Aufgabe ist. Folgende Einzelleistungen sollten genannt werden: technisches Beherrschen des Fahrzeugs (wobei auch dies nochmals ein komplexer Vorgang in sich ist), konzentriertes Beobachten der Verkehrssituation, rechtzeitiges Erkennen einer Gefahr, schnelle und angemessene Informationsverarbeitung, d. h. richtiges „Auswählen" einer der Situation angemessenen Reaktion, Durchführen dieses Vorhabens.

Danach kann mit den Schülern die Tabelle besprochen und von ihnen auch verstanden werden; es wird deutlich, welche Verhaltensmuster bzw. Ausfallerscheinungen ein richtiges Reagieren in einer Gefahrensituation unmöglich machen.

Tab. 2: **Akuter Drogenkonsum und Fahrverhalten**

subjektive und objektive Wirkungen	Fahrrelevanz
positive Stimmung	Sorglosigkeit gegenüber Gefahren
Gefühl der Leistungssteigerung	leichtsinnige Fahrweise (Überholmanöver, überhöhte Geschwindigkeit)
Euphorie (besonders ausgeprägt bei Amphetaminen und ihren Derivaten, z. B. Ecstasy)	Verantwortungslosigkeit
aggressives Verhalten	keine Rücksichtnahme
Beeinträchtigung visueller Funktionen	Blendempfindlichkeit, unscharfes Sehen, falsches Entfernungseinschätzen
Kreislaufstörungen (z. B. Schwindel, Herzrasen, Blutdrucksteigerung)	unmittelbare Unfallgefahr
verminderte Aufmerksamkeit	unkonzentriert, leicht ablenkbar
verlangsamte Informationsverarbeitung	verlängerte Erkennungs- und Entscheidungszeit
gestörte Motorik	Gleichgewichtsstörungen, Koordinationsprobleme
Erschöpfung (nach Abklingen der stimulierenden Wirkung)	Unaufmerksamkeit, Schlangenlinien fahren

Menschenkunde von A - Z
– ein Rätselalphabet für Fortgeschrittene –

Ergänze die folgenden Aussagen, indem du die passenden Begriffe in die dafür vorgesehenen Felder einträgst! Wenn du die nummerierten Buchstaben in die angegebene Reihenfolge bringst, erhältst du als **Lösungsworte** die Namen von **drei kleinen Knochen mit großer Bedeutung**. (Ä = AE, Ü = UE, ß = SS)

Das [A] wird auch Stresshormon genannt.

Die vier [B] sind ererbte Merkmale auf den roten Blutkörperchen.

Die [C] sind die Träger der Erbanlagen.

Mit den [D] nehmen die Nervenzellen Informationen von Sinneszellen oder von anderen Nervenzellen auf.

Umwelteinflüsse und [E] sind maßgebend für das Wesen eines Menschen.

Für das [F] benötigen wir die Zäpfchen der Netzhaut.

Unser [G] ist auf der Zunge lokalisiert (bei Fischen auch in der Haut).

[H] sind in Drüsen produzierte Wirkstoffe, die für die Zusammenarbeit unserer Körperteile unentbehrlich sind.

Das [I] senkt den Blutzuckergehalt.

Der [J] stammt nicht vom Neandertaler ab.

Alle Blutzellen stammen aus dem [K].

[L] sind ähnlich wie Venen aufgebaut, enthalten aber eine klare Flüssigkeit.

Ob der [M] durch zu viel Milchsäure oder durch feinste Muskelrisse hervorgerufen wird, ist umstritten.

Unser [N] dient der Reizleitung und Reizverarbeitung.

Ein [O] ist ein gegen die Umgebung deutlich abgegrenzter Körperteil mit einer bestimmten Funktion.

Fühlen wir den Herzschlag an anderen Körperstellen, so bezeichnen wir ihn als [P].

Schwermetalle wie zum Beispiel [Q] können gefährliche Vergiftungen hervorrufen.

Der [R] ist genetisch bedingt; er kann positiv oder negativ sein.

Die [S] ist eine wichtige Drüse im Halsbereich.

Bei der sehr gefährlichen [T] bilden sich im Blut Stickstoffbläschen.

Ohne unser Wollen ablaufende Vorgänge heißen [U].

Springt bei Überbeanspruchung der Gelenkkopf ganz aus der Gelenkpfanne, so spricht man von [V].

Da der Mensch Knochen besitzt, gehört er zu der großen Gruppe der [W].

Eineiige [Z] haben gleiche Erbmerkmale.

A			20			L									
B				G					15						
C			10					M							
D				R		14									
E		9							N						
F						S	5								
G					8			K							
H		6	M												
i				23		N									
J			Z		3										
K							4		R						
L					17		F								
M		13				K									
N				22					T						
O		G													
P							L	7							
Q			C		12										
R						F	2								
S					D					11					
T				1				R							
U		W									16				
V					N		19								
W			18			T									
Z				L			21								

Lösungsworte:

1	2	3	4	5	6	7	8	9	10	11	12	13	14	15	16	17	18	19	20	21	22	23

Aus: Neue Rätsel im Biologieunterricht, Aulis Verlag Deubner & Co KG, Köln, 2000

Lösung zu Rätsel 21:

Adrenalin, **B**lutgruppen, **C**hromosomen, **D**endriten, **E**rbanlagen, **F**arbensehen, **G**eschmackssinn, **H**ormone, **I**nsulin, **J**etztmensch, **K**nochenmark, **L**ymphgefaesse, **M**uskelkater, **N**ervensystem, **O**rgan, **P**ulsschlag, **Q**uecksilber, **R**hesusfaktor, **S**childdruese, **T**aucherkrankheit, **u**nwillkuerlich, **V**errenkung, **W**irbeltiere, **Z**willinge

Lösungsworte: HAMMER – AMBOSS – STEIGBUEGEL

Klassenstufe: 8. - 10.
Schwierigkeitsgrad: **
Benötigte Zeit: 15 - 20 Minuten

Weitere Hinweise:

Die zu vervollständigenden Aussagen stellen in ihrer Gesamtheit einen Querschnitt durch die Menschenkunde dar. Im Vordergrund steht der **Stoffwechsel**, eine Reihe von Formulierungen ist der **Nerven- und Sinnesphysiologie** zuzurechnen, einige gehören zur **Anatomie**, einige zur **Genetik**; weitere Themen aus der Menschenkunde werden gestreift. Das Rätsel eignet sich somit zu einer **abschließenden Wiederholung** der Menschenkunde in der Sekundarstufe I. Die Schwierigkeit des Rätsels besteht weniger darin, dass komplizierte Sachverhalte erfragt werden als vielmehr darin, dass ein verhältnismäßig umfangreiches Wissen verfügbar sein muss und die Schüler gedanklich ständig zwischen den recht unterschiedlichen Aspekten hin- und herspringen müssen. Zur Erleichterung und damit sich schneller Erfolgserlebnisse einstellen, ist deshalb von jedem gesuchten Begriff außer dem Anfangsbuchstaben noch ein weiterer Buchstabe vorgegeben. Das Rätsel lässt sich nicht nur in **eigenen Klassen** einsetzen, sondern auch in Vertretungsstunden bei **fremden Schülern**, da die Fragen nicht allzu speziell sind.

Hier wie dort bieten sich einige erläuternde Bemerkungen zu den **Aufgaben des Mittelohrs** im Rahmen der Schallübertragung an – Grundkenntnissen aus der Mechanik sind zum Verständnis von Vorteil: Bei dem Übergang von Schallwellen **von der Luft auf die Perilymphe des Innenohrs** wird wegen unterschiedlicher Schallwellenwiderstände der größte Teil der ankommenden Schallenergie reflektiert. Ein Verstärkungsmechanismus ist erforderlich, um dem erheblichen Reflexionsverlust (ca. 99,9 %) entgegenzuwirken. Dies wird durch die Kette der gelenkig miteinander verbundenen Gehörknöchelchen unter **Verringerung der Amplitude** des Trommelfells und **Erhöhung des Drucks** auf das ovale Fenster erreicht. Erklärung: Zum einen erfolgt durch die unterschiedlichen Längen von Hammer-Handgriff und Amboss-Fortsatz (Längenverhältnis 1,3 : 1) wie beim Hebel eine Amplitudenverringerung und Krafterhöhung, hier um den Faktor 1,3. Zum anderen ergibt sich – bei gleicher Krafteinwirkung – durch die unterschiedlich großen Flächen von Trommelfell und Steigbügelplatte (60 mm^2 : 3,5 mm^2) eine Druckerhöhung auf den 17-fachen Wert. Daraus resultiert insgesamt eine rund 22-fache Druckerhöhung. (Das Trommelfell bewegt sich in seinem unteren Bereich dank einer Schwingungsfalte am stärksten, die Fußplatte des Steigbügels, durch ein Ringband exzentrisch fixiert, reagiert durch Kippung.) Die Übertragungseigenschaften sind frequenzabhängig und im mittleren Hörbereich am besten. – Ein kleines Schema, ergänzend zu den Lösungsworten und als Tafelskizze gedacht, kann die Bewegungen im Mittelohr verdeutlichen.

Tafelbild: Die Schallübertragung im Mittelohr

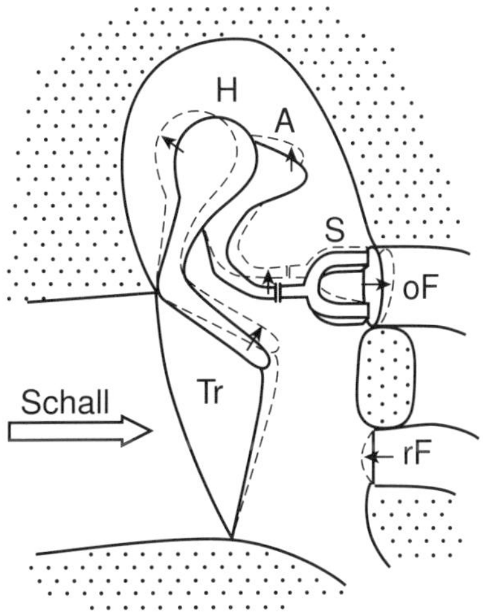

21 Lehrerseite

In eigenen Klassen kann man, wenn eine weitere Stunde dafür reserviert wird, **ein zweites Rätsel vergleichbarer Art** zusammenstellen lassen, indem man Worte für ein neues Rätselalphabet vorgibt und die Schüler dann möglichst aussagekräftige Formulierungen finden lässt, in die die betreffenden Begriffe „hineinpassen". Damit beschreitet man den umgekehrten Weg wie im gerade gelösten Rätsel; auch eine andere Schwerpunktbildung wird dadurch möglich. Das Verfahren eignet sich als **Hausaufgabe**, vertieft den Wiederholungseffekt und bietet den Schülern die Gelegenheit, sich im Formulieren zu üben. In der folgenden Stunde werden dann zu jedem Begriff zwei oder drei Formulierungen vorgelesen und inhaltlich, evtl. auch stilistisch, miteinander verglichen.

Deutlich schwieriger ist es, die Schüler selbst für jeden Buchstaben einen weiteren geeigneten Begriff nennen zu lassen; denn wenn ein repräsentativer Querschnitt durch mehrere Teilgebiete der Menschenkunde entstehen soll, müssen sie das gesamte Pensum vor Augen haben – sie können allerdings auch das Stichwortverzeichnis ihres Buches zu Hilfe nehmen. Die Worte müssten auf jeden Fall im Unterricht festgelegt werden, damit allen Schülern für die Hausaufgabe die gleichen Begriffe vorliegen. (Soll das neue Rätsel in einer anderen Klasse verwendet werden, kann man hinter den Umschreibungen die Buchstabenzahl des jeweils gesuchten Begriffes notieren; ein Raster ist nicht zwingend erforderlich.)

Im Folgenden werden **Begriffe vorgeschlagen**, die dem Anforderungshorizont von Schülern der Klassen 8 bis 10 entsprechen und aus denen der Lehrer bei Bedarf auswählen kann; besonders leicht zu umschreibende Begriffe stehen in Klammern, auch die Begriffe des Rätselalphabetes Nr. 20 können einbezogen werden.

A : Astigmatismus, Allergie, Antikörper, Albino, (Arterien, Aorta)
B : Blutgerinnung, Blutzucker, Bauchspeicheldrüse, Bogengänge, (Bandscheiben, Bronchien, Blutkörperchen, Blutplasma)
C : Cholera, Crossing over
D : Drehsinn, dominant, Diphtherie, (Dünndarm, Dickdarm)
E : Eiweiß, Enzym, Entzündung, (Ernährung)
F : Fibrin, Fibrinogen, Fett, (Fieber)
G : Grundumsatz, Genotyp, Gehirn, (Geruchssinn, Gehör, Gallenblase)
H : Heilimpfung, Herzklappen, Hämoglobin
I : Innenohr, Inkubationszeit, Immunsystem
J : Joule, Jod (umgangssprachliche Schreibweise)
K : Kohlenhydrate, Kurzsichtigkeit, Knochenhaut, (Kniescheibe, Kältesinn)
L : Leukozyten, Lagesinn, Leber, Lymphe, (Luftröhre)
M : Menschenaffen, Mitose, Meiose, Muskeln, Mineralstoffe, Magen, Milz
N : Nervenzellen, Nachbild, Nachtblindheit, Netzhaut
O : Ohrtrompete, ovales Fenster, Ohnmacht
P : Phänotyp, Pupillenreflex, Protoplasma, Passivimpfung
Q : Quaddeln, Querstreifung, Quetschung
R : rezessiv, Reflex, rundes Fenster, (Regenbogenhaut)
S : Sinneszellen, Schmerzsinn, Schlagader, Sehnen, Sehnenscheide, (Sehnerv, Schlüsselbein, Schienbein, Speichel)
T : Thrombose, Tröpfcheninfektion, (Trommelfell)
U : Urmensch, (Unterhaut)
V : Viren, Verhalten, Vitamine, Verdauung
W : Wärmesinn, Wundstarrkrampf, Weltgesundheitsorganisation
Z : Ziliarmuskel, Zwölffingerdarm, Zuckerkrankheit, Zigaretten, Zellen, (Zahnschmelz, Zwerchfell)

Von Allel bis Zentromer
– ein Kammrätsel zur klassischen Genetik –

24 Begriffe aus der klassischen Genetik werden hier gesucht. Wenn du sie senkrecht eingetragen hast (Ä = AE, Ü = UE), erhältst du waagrecht das Lösungswort des Rätsels. Wie lautet es? Was versteht man darunter?

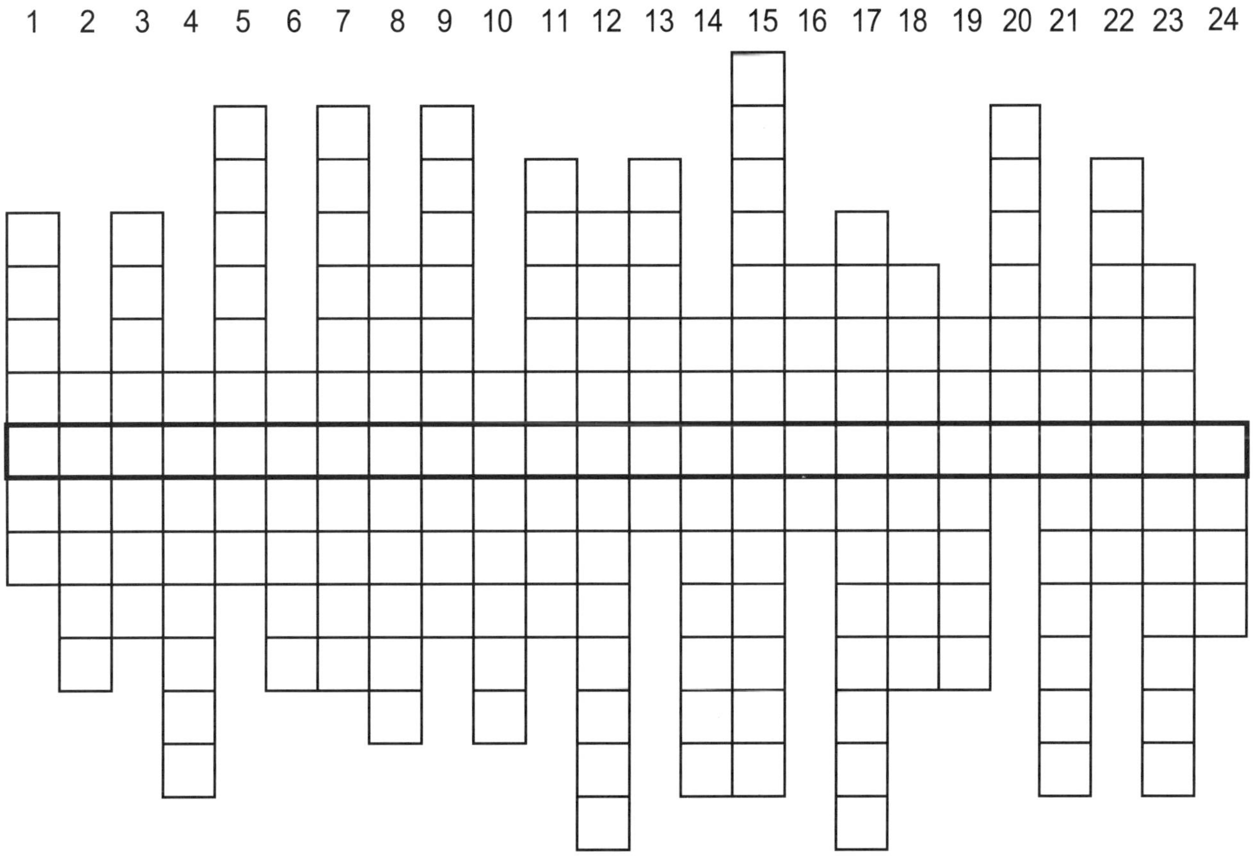

1. Fachausdruck für erbgutverändernd
2. Zellteilungsart, die zur Bildung von Keimzellen führt (Reifeteilung)
3. sich durchsetzende Erbmerkmale
4. unterdrückte Erbmerkmale
5. Erscheinungsbild
6. Zellteilungsart, bei der jede Tochterzelle die gleiche Chromosomenzahl wie die Mutterzelle hat
7. die Träger der Erbanlagen
8. gezielte, genetisch stabile Veränderung von Lebewesen durch den Menschen
9. moderne, praxisbezogene Forschungsrichtung der Genetik
10. Erbbild
11. bedeutet, dass die Allele eines Gens gleich sind
12. umweltbedingte Veränderung im Erscheinungsbild eines Lebewesens
13. doppelter Chromosomensatz
14. die Verbindungsstelle der Chromosomenhälften
15. Name der 2. Mendelschen Regel
16. Informationsgehalt eines Gens
17. eine Art des Erbgangs
18. Veränderung einer Erbanlage
19. Mischling aus verschiedenen Pflanzenrassen oder -arten
20. einfacher Chromosomensatz
21. die Hälfte eines Chromosoms
22. eine Züchtungsmethode
23. bedeutet, dass die Allele eines Gens verschieden sind
24. die Gesamtheit aller durch ungeschlechtliche Vermehrung aus einem Individuum hervorgegangenen Lebewesen

Aus: Neue Rätsel im Biologieunterricht, Aulis Verlag Deubner & Co KG, Köln, 2000

Arbeitsblatt zu Rätsel 22
Die Auswertung genetischer Fingerabdrücke

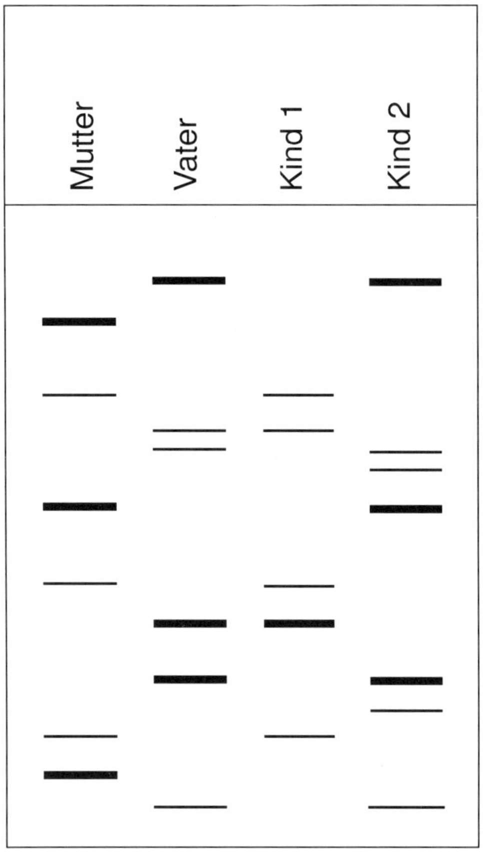

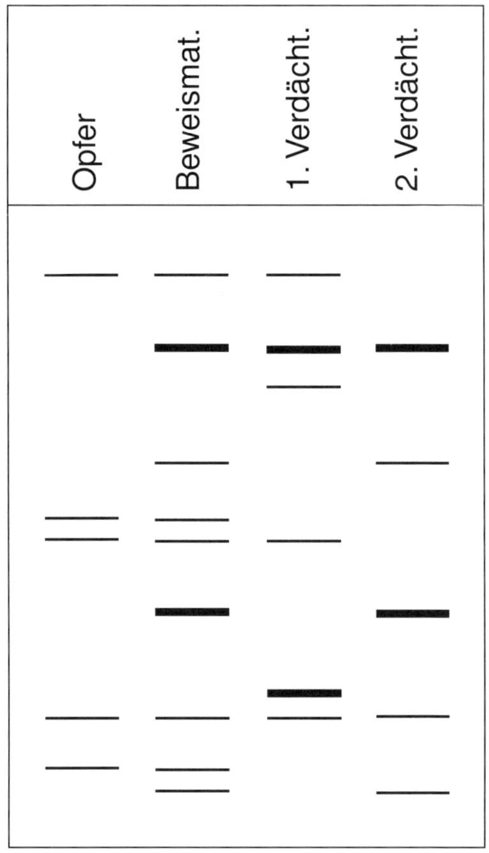

Beispiel I:

Ein Elternpaar befürchtet, dass ihr Kind kurz nach der Geburt versehentlich mit einem anderen, fast gleichzeitig in der Klinik geborenen Säugling vertauscht wurde.

Werte die daraufhin erstellten genetischen Fingerabdrücke aus und markiere die entscheidende(n) Bande(n). Bei den beunruhigten Eltern lebt z. Zt. Kind 1.

Wurden die beiden Kinder tatsächlich verwechselt?

Beispiel II:

Bei einem Raubüberfall wehrt sich das Opfer erfolgreich durch Kratzen; der Täter entkommt. Hautpartikel und Blutspuren des Täters werden vorsichtig von den Fingerspitzen des Opfers entfernt und als Beweismaterial sichergestellt.

Später werden aufgrund der Täterbeschreibung zwei verdächtige Personen festgenommen.

Stelle fest, ob der Täter dabei ist!

Aus: Neue Rätsel im Biologieunterricht, Aulis Verlag Deubner & Co KG, Köln, 2000

Lösung zu Rätsel 22:

1. mutagen, 2. Meiose, 3. dominant, 4. rezessiv, 5. Phaenotyp, 6. Mitose, 7. Chromosomen, 8. Zuechtung, 9. Gentechnik, 10. Genotyp, 11. reinerbig, 12. Modifikation, 13. diploid, 14. Zentromer, 15. Spaltungsregel, 16. Allel, 17. intermediaer, 18. Mutation,19. Hybride, 20. haploid, 21. Chromatid, 22. Kreuzung, 23. mischerbig, 24. Klon

Lösungswort: GENETISCHER FINGERABDRUCK

Klassenstufe: 9. - 10.
Schwierigkeitsgrad: *
Benötigte Zeit: maximal 15 Minuten

Weitere Hinweise:

Die Rätselfragen bilden einen **Querschnitt durch die klassische Genetik**, Besonderheiten oder schwierigere Fachausdrücke werden nicht erfragt, erst recht keine aus der Molekulargenetik. Das Rätsel kann im Unterricht oder zu Hause gelöst werden. Ob es als Vorbereitung für einen schriftlichen Leistungsnachweis ausreicht, hängt vom vorangegangenen Unterricht ab; in jedem Fall ist mit ihm eine stichpunktartige Wiederholung auf eine sonst nicht übliche Art zu erreichen.

Die Aktualität des DNA-Fingerprintings wie auch die Tatsache, dass das noch relativ junge Untersuchungsverfahren bisher selten in den Schulbüchern behandelt wird, lassen es als notwendig erscheinen, **auf das Lösungswort näher einzugehen** – auch, wenn dies in der Sek. I nur in einfach(st)er Form geschehen kann. Die Auswertung von DNA-Fingerprints lässt sich anhand der Fallbeispiele auf dem zusätzlich angebotenen Arbeitsblatt erarbeiten, zahlreiche andere Fragestellungen sind denkbar. In **Beispiel I** geht es um den Beweis einer leiblichen Kindschaft, **Beispiel II** behandelt die Aufklärung eines Raubüberfalls.

Für Schüler der Sekundarstufe I geeignete Anmerkungen zum DNA- Fingerprinting:

1. Zur **Herstellung** genetischer Fingerabdrücke:
   - Nach **enzymatischem Zerschneiden** der Erbsubstanz-Moleküle, anschließender elektrophoretischer **Auftrennung der Fragmente nach Größen** sowie **Zerlegung der Doppelstrangfragmente in Einzelstränge** werden die Gelbahnen vom Elektrophorese-Gel auf eine **Membran** übertragen und fixiert. Hier werden mittels spezieller Moleküle (sog. Sonden) **bestimmte, sehr kleine Fragmentabschnitte markiert** und die Position der Fragmente, die diese „kleinsten Abschnitte" enthalten, schließlich **auf einem Film sichtbar gemacht**. Das auf dem Film entstandene schwarze Strichmuster wird als genetischer Fingerabdruck bezeichnet.
   - Herstellung und Auswertung genetischer Fingerabdrücke gehören seit Ende der 80er Jahre zum **Standardrepertoire molekularbiologischer Labors**. Einzelheiten in der Herstellung der Fingerprints wurden bereits mehrfach verbessert (z. B. werden mittlerweile keine radioaktiven Sonden mehr verwendet).
2. Zur **Auswertung** genetischer Fingerabdrücke:
   - Da die **Banden** des genetischen Fingerabdrucks **ererbt werden**, können mit dem DNA-Fingerprinting Fragen der **Abstammung** geklärt werden. Vaterschaftsnachweise stehen hier an erster Stelle.
   - Da die **Bandmuster personenspezifisch** sind, eignen sich genetische Fingerabdrücke in der **Kriminalistik** zur Täterermittlung.
   - Um eventuellen Missverständnissen vorzubeugen, sollte unbedingt darauf hingewiesen werden, dass ein DNA-Fingerprint **keine persönlichkeitsbezogenen Daten** preisgibt, da die dargestellten „kleinsten Abschnitte" sich in Bereichen befinden, die keine Erbinformationen codieren.

Die Auswertung des Arbeitsblattes:

I: Die Kinder wurden nicht vertauscht. **Kind 1 ist das leibliche Kind** des beunruhigten Elternpaares, denn alle Banden dieses Kindes kommen in den genetischen Fingerabdrücken des Vaters oder der Mutter vor. Für die Banden von Kind 2 trifft dies nicht zu.

II: **Der 2. Tatverdächtige ist der Täter**, da seine Banden in dem Beweismaterial mit auftreten. Der 1. Verdächtige scheidet als Täter aus, weil dessen Banden nicht mit denjenigen Banden des Beweismaterials übereinstimmen, die nicht vom Opfer stammen. (Anmerkung: Nur selten ist das zur Verbrechensaufklärung sichergestellte Beweismaterial frei von Spuren des Täters.)

Begriffe aus der Genetik
– ein Suchwort-Puzzle –

Waagrecht und senkrecht lassen sich 40 Begriffe aus der Genetik finden, die vorwärts oder rückwärts, abwärts oder aufwärts angeordnet sein können. Rahmen Sie die gefundenen Fachausdrücke ein und notieren Sie sie!

Viele Buchstaben werden mehrfach benutzt, 15 Buchstaben (5 Vokale, 10 Konsonanten) bleiben übrig. Diese Buchstaben ergeben, richtig sortiert, das Lösungswort; es hat mit Eiweißen zu tun. (Ä = AE)

Die 15 Buchstaben sind: _ _ _ _ _ _ _ _ _ _ _ _ _ _ _

Das Lösungswort lautet: _ _ _ _ _ _ _ _ _ _ _ _ _ _ _

K	A	T	N	A	N	i	M	O	D	i	M	S	A	L	P	E
i	R	O	T	O	M	O	R	P	Y	T	O	N	E	A	H	P
N	O	i	T	A	L	S	N	A	R	T	N	Y	R	E	V	A
E	N	N	E	G	A	H	P	O	i	R	E	T	K	A	B	D
T	E	U	R	A	C	i	L	N	N	E	G	A	T	U	M	E
O	M	C	E	L	i	D	E	E	T	G	A	M	E	T	E	N
C	O	L	G	L	U	i	S	R	E	U	U	S	M	O	i	i
H	S	E	U	E	S	O	B	i	R	L	K	A	U	S	O	N
O	O	O	L	L	M	L	R	V	M	A	M	i	T	O	S	E
R	M	T	A	P	R	P	E	R	E	T	R	H	A	M	E	L
N	O	i	T	A	K	i	F	i	D	O	M	C	T	E	N	E
O	R	D	i	R	S	D	K	C	i	R	C	T	i	N	Z	D
D	H	C	O	D	E	R	O	T	A	R	E	P	O	E	Y	N
O	C	T	N	i	M	Y	H	T	E	K	L	O	N	G	M	E
C	O	L	C	H	i	C	i	N	R	R	i	B	O	S	O	M

Aus: Neue Rätsel im Biologieunterricht, Aulis Verlag Deubner & Co KG, Köln, 2000

Lösung zu Rätsel 23:

Waagrecht (20 Begriffe):
dominant, Plasmid, Promotor, Phaenotyp, Translation, Avery, Bakteriophagen, Uracil, mutagen, Gamet(en), Ribose, Mitose, Modifikation, Crick, Code, Operator, Thymin, Klon, Colchicin, Ribosom

Senkrecht (20 Begriffe):
Kinetochor, Codon, Chromosomen, Nucleotid, Regulation, Allel, diploid, Erbse, Viren, intermediaer, Regulator, Genom, Chiasma, Mutation, Autosomen, Gen(e), Meiose, Enzym, Adenin, Mendel

Die 15 Buchstaben sind (in waagrechter Reihenfolge): A - E - I - U - U - K - M - P - R - R - R - R - S - T - T

Das Lösungswort lautet: PRIMAERSTRUKTUR

Klassenstufe: Sekundarstufe II
Schwierigkeitsgrad: *
Benötigte Zeit: 15 Minuten

Weitere Hinweise:

Zur **Abwechslung „zwischendurch"** oder als originelle **Hausaufgabe**, für den **Rest einer Unterrichtsstunde,** in der nichts Neues mehr begonnen werden soll, auch als **lockere Form der Wiederholung** wird das Suchwort-Puzzle von den Schülern gern angenommen; zur Vorbereitung auf eine Klausur reicht es nicht aus.

Die gefundenen Fachwörter werden von den Schülern eingerahmt, notiert und anschließend möglichst auch definiert oder in anderer Weise erläutert. Die Schüler müssen zum Schluss **darauf achten** (nachzählen!), dass nicht mehr als die 15 Buchstaben, aus denen das Lösungswort kombiniert werden soll, uneingerahmt übrig bleiben.

- Deshalb ist es wichtig, dass bei **„Chromosomen"** (2. senkrechte Spalte) nicht der Singular, sondern **der Plural** eingerahmt wird.
- Außerdem muss von den Wörtern **„Autosomen"** und **„Gene"** (vorvorletzte Spalte) **mindestens eines im Plural** eingerahmt werden: entweder „Autosomen + Gen", wie unten eingezeichnet, oder umgekehrt; würde nur „Autosom + Gen" eingerahmt, dann bliebe ein Buchstabe E zu viel übrig und würde später stören.
- Demgegenüber spielt es keine Rolle, ob **„Gameten"** (6. waagrechte Zeile), wie unten eingezeichnet, oder nur **„Gamet"** eingerahmt wird.

Zum schnellen Auffinden der Lösung:
(evtl. eine Folie davon ziehen)

K	A	T	N	A	N	i	M	O	D	i	M	S	A	L	P	E
i	R	O	T	O	M	O	R	P	Y	T	O	N	E	A	H	P
N	O	i	T	A	L	S	N	A	R	T	N	Y	R	E	V	A
E	N	N	E	G	A	H	P	O	i	R	E	T	K	A	B	D
T	E	U	R	A	C	i	L	N	N	E	G	A	T	U	M	E
O	M	C	E	L	i	D	E	E	T	G	A	M	E	T	E	N
C	O	L	G	L	U	i	S	R	E	U	U	S	M	O	i	i
H	S	E	U	E	S	O	B	i	R	L	K	A	U	S	O	N
O	O	O	L	L	M	L	R	V	M	A	M	i	T	O	S	E
R	M	T	A	P	R	P	E	R	E	T	R	H	A	M	E	L
N	O	i	T	A	K	i	F	i	D	O	M	C	T	E	N	E
O	R	D	i	R	S	D	K	C	i	R	C	T	i	N	Z	D
D	H	C	O	D	E	R	O	T	A	R	E	P	O	E	Y	N
O	C	T	N	i	M	Y	H	T	E	K	L	O	N	G	M	E
C	O	L	C	H	i	C	i	N	R	R	i	B	O	S	O	M

Evolution von A - Z

– eine Rätselspirale zur Stammesgeschichte der Lebewesen –

Trage die gesuchten Begriffe der Reihe nach in die Rätselspirale ein! Die Anfangsbuchstaben sind schon vorhanden; das Lösungswort erhältst du, wenn du die nummerierten Buchstaben wie angegeben aneinander reihst.

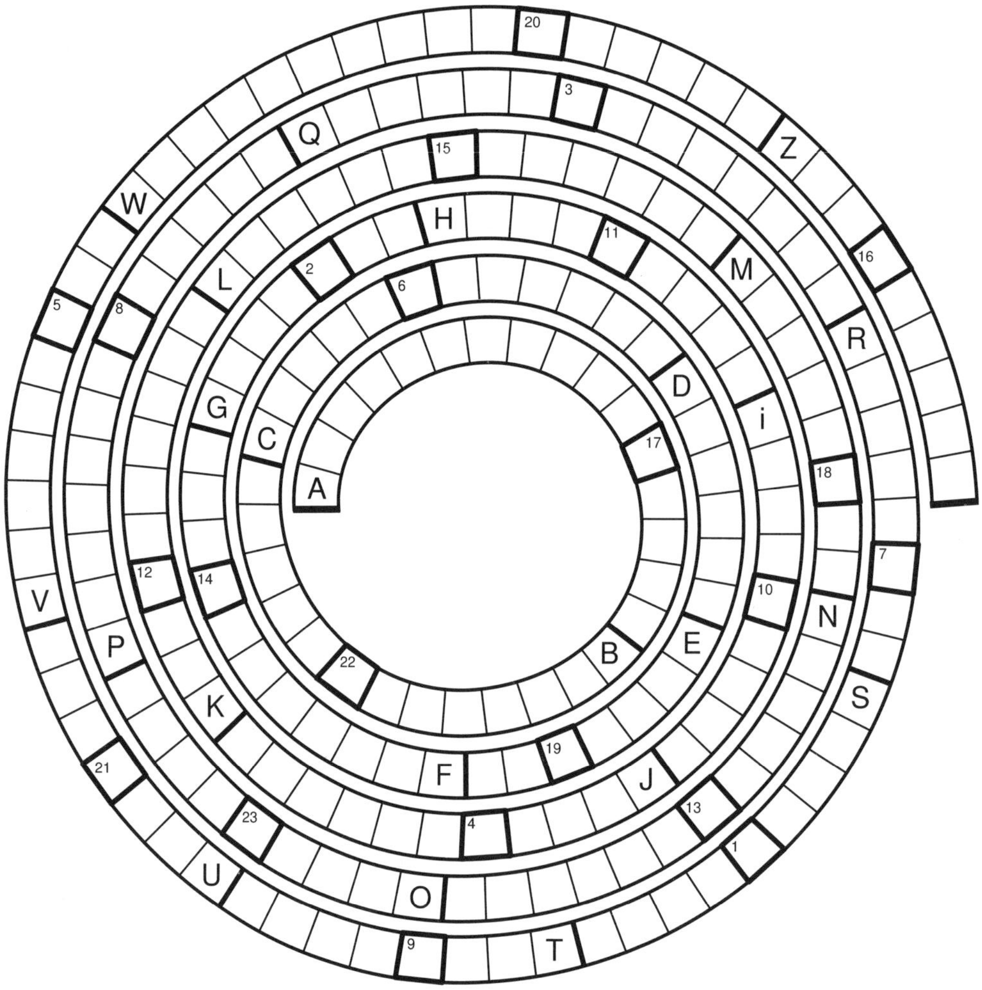

A: Vormensch, konnte bereits aufrecht gehen; **B:** Tiere, die Merkmale zweier Tiergruppen in sich vereinigen (Ü = UE); **C:** das Außenskelett der Insekten; **D:** der Begründer der Evolutionstheorie; **E:** sie endete vor rund 12.000 Jahren; **F:** die ersten fliegenden Wirbeltiere; **G:** die Gesamtheit aller Erbanlagen einer Art; **H:** bedeutet, dass Organe (mit unterschiedlicher Funktion) aus stammesgeschichtlich gleichen Strukturen entstanden sind; **I:** Evolutionsfaktor, der die Vermischung von Erbanlagen verhindert; **J:** der heutige Mensch; **K:** liegt vor, wenn verschiedenartige Lebewesen gleiche Anpassungserscheinungen zeigen; **L:** versteinerte Pflanzen oder Tiere, die für bestimmte Gesteinsschichten charakteristisch sind; **M:** wichtiger Evolutionsfaktor (Veränderung des Erbgutes); **N:** er starb vor ca. 35.000 Jahren aus, ist nicht unser direkter Vorfahre; **O:** ein Menschenaffe (2 Wörter); **P:** Untersuchungsmethode zur Ermittlung der Vegetation vergangener Jahrtausende; **Q:** die ersten Wirbeltiere, die an Land gingen; **R:** Bezeichnung für ein Organ, das im Lauf der Evolution seine Funktion verloren und sich zurückgebildet hat; **S:** wichtiger Evolutionsfaktor (Fachwort für Auslese); **T:** Erdzeitalter vor 65 - 2 Millionen Jahren, in dem sich Säugetiere und Vögel ausbreiteten (Ä = AE); **U:** Stoffgemisch, aus dem sich die Lebewesen entwickelten; **V:** Bezeichnung für die Erscheinung, dass die Individuen einer Art verschieden sind; **W:** Fähigkeit, durch die man früher die Gattung Mensch festgelegt hat; **Z:** hierdurch wurden Wildtiere zu Haustieren (Ü = UE).

Lösungswort:

1	2	3	4	5	6	7	8	9	10	11	12	13	14	15	16	17	18	19	20	21	22	23

Aus: Neue Rätsel im Biologieunterricht, Aulis Verlag Deubner & Co KG, Köln, 2000

Lösung zu Rätsel 24:

Australopithecus, **B**rueckentiere, **C**hitinpanzer, **D**arwin, **E**iszeit, **F**lugsaurier, **G**enpool, **H**omologie, **I**solation, **J**etztmensch, **K**onvergenz, **L**eitfossilien, **M**utation, **N**eandertaler, **O**rang-Utan, **P**ollenanalyse, **Q**uastenflosser, **R**udiment, **S**elektion, **T**ertiaer, **U**rsuppe, **V**ariation, **W**erkzeuggebrauch, **Z**uechtung

Lösungswort: KONTINENTALVERSCHIEBUNG

Klassenstufe: 9. - 10.
Schwierigkeitsgrad: ***
Benötigte Zeit: ca. 15 Minuten

Weitere Hinweise:

Die folgende Aufschlüsselung zeigt, dass das Rätsel **inhaltlich breit gefächert** ist und somit eine stichpunktartige Wiederholung der gesamten Stammesgeschichte der Lebewesen ermöglicht, sich also gut zum **Zusammenfassen** und **Abschließen** des Themas eignet. Es geht im Wesentlichen um

* **Grundbegriffe** aus der Evolutionslehre oder entsprechend umschriebene Fachtermini: Genpool, Homologie, Isolation, Konvergenz, Mutation, Rudiment, Selektion, Variation;
* Fragen zur **Stammeschichte des Menschen**: Australopithecus, Jetztmensch, Neandertaler, Werkzeuggebrauch;
* Beispiele aus dem **Tierreich**: Brückentiere, Chitinpanzer, Flugsaurier, Orang-Utan, Quastenflosser;
* der **Paläontologie** zuzurechnende Fragen: Eiszeit, Leitfossilien, Pollenanalyse, Tertiär.

Die bereits vorhandenen Anfangsbuchstaben zu den Antworten (alphabetische Reihenfolge) erleichtern das Lösen erheblich; dennoch ist dabei durchaus mit Schwierigkeiten zu rechnen, was an dem **hohen Anforderungsniveau der Fragen** liegt und auch daran, dass sich die Schüler ein sehr **umfangreiches Wissensgebiet wieder vergegenwärtigen** müssen, um das Rätsel erfolgreich bearbeiten zu können. Sollen sie das Rätsel zu Hause lösen, ist die Verwendung des Biologiebuches sicher hilfreich. Zu Vertretungsstunden in fremden Klassen ist das Rätsel i. a. nicht geeignet, da zu speziell.

Auf die **Bedeutung des Lösungswortes für die Evolution** sollte der Lehrer, falls nicht schon vorher geschehen, zumindest kurz eingehen, sobald das Rätsel fertig gelöst ist. Möglicherweise haben die Schüler bereits im **Erdkundeunterricht** einiges zum Thema Kontinentalverschiebung gehört, das man jetzt mitverwerten kann. Mit Sicherheit kamen im Geographieunterricht aber nicht die evolutionsbiologisch bedeutsamen Korrelationen zwischen pflanzen- und tiergeographischen, paläontologischen und geophysikalisch-geologischen Befunden zur Sprache.

Nützliche Literatur zum Lösungswort:

1. Gutes **Kartenmaterial** zur Kontinentalverschiebung während Trias, Jura und Kreidezeit z. B. in:
   Hoff, P. und *Miram, W.*: Evolution, Materialien für die Sekundarstufe II – Biologie. Schroedel-Verlag, Hannover 1979, S. 92
2. Zahlreiche **Beispiele** zur räumlichen Verbreitung der Lebewesen in der „Vorzeit" z. B. in:
   Thenius, E.: Paläontologie – Die Geschichte unserer Tier- und Pflanzenwelt, Kosmos-Studienbücher. Franckh'sche Verlagshandlung, Stuttgart 1970, S. 57 ff.

Angeboren oder erlernt ?
– ein Silbenrätsel zur Verhaltenslehre –

Mit Hilfe der angegebenen Silben sind 17 Fachausdrücke aus der Verhaltenslehre zu finden. Streiche die verwendeten Silben stets durch; zum Schluss darf keine Silbe übrig bleiben. Das **Lösungswort** des Silbenrätsels erhältst du, wenn du die gesuchten Buchstaben deiner Antworten der Reihe nach liest.

---

ag ah al ap ber chen dres en flex gier gres gung hal hal hal hal hand im ins
kind lung ma mo mung nach neu nier nung on on ord pe pha po prä rang re re reiz
sche schlüs sel si sprung sur ten ten ten ten tenz ti ti tier tinkt trau ü ur
va ver ver ver ver ver vier

---

1. Sozialstruktur innerhalb einer Gruppe von Artgenossen, deren Individuen sich gegenseitig genau kennen .... 2 = ...
2. angeborenes Programm für das Zustandekommen lebens- und arterhaltenden Verhaltens .... 4 = ...
3. Fachausdruck für Handlungsbereitschaft .... 3 = ...
4. unwillkürliche, stets in gleicher Weise ablaufende Reaktion auf einen äußeren Reiz .... 1 = ...
5. das ranghöchste Tier einer Gruppe .... 1 = ...
6. das Erlernen des Mutterbildes kurz nach der Geburt .... 1 = ...
7. schwächste Form aggressiven Verhaltens .... 3 = ...
8. anderer Ausdruck für Erkundungsverhalten .... 2 = ...
9. Bezeichnung für die Summe der von Kleinkindern ausgehenden Schlüsselreize, die Betreuungsreaktionen auslösen .... 3 = ...
10. Verhaltensweisen zum Abgrenzen und Verteidigen des eigenen Lebensraums .... 3 = ...
11. situationsfremde Handlung im Falle eines Konflikts zwischen zwei möglichen gegenläufigen Instinkthandlungen .... 3 = ...
12. Fachausdruck für feindliche Verhaltensweise .... 4 = ...
13. Abrichtung lernfähiger Tiere durch Training mit Hilfe von Belohnung und Bestrafung .... 4 = ...
14. das Vertrauen gegenüber der ersten Bezugsperson .... 1 = ...
15. der Auslöser einer Instinkthandlung .... 2 = ...
16. *eine* Methode des Lernens .... 4 = ...
17. anderer Ausdruck für Suchverhalten .... 4 = ...

Lösungswort: ______________________

Aus: Neue Rätsel im Biologieunterricht, Aulis Verlag Deubner & Co KG, Köln, 2000

Lösung zu Rätsel 25:

1. **R**angordnung, 2. Ins**t**inkt, 3. Mo**t**ivation, 4. **R**eflex, 5. **A**lphatier, 6. **P**rägung, 7. Im**p**onierverhalten, 8. N**e**ugierverhalten, 9. Ki**n**dchenschema, 10. Re**v**ierverhalten, 11. Üb**e**rsprunghandlung, 12. Agg**r**ession, 13. Dre**s**sur, 14. **U**rvertrauen, 15. S**c**hlüsselreiz, 16. Nac**h**ahmung, 17. App**e**tenzverhalten

Lösungswort: ATTRAPPENVERSUCHE

Klassenstufe: 9. - 10.
Schwierigkeitsgrad: *
Benötigte Zeit: 10 Minuten

Weitere Hinweise:

In dem Rätsel werden Grundbegriffe der Verhaltenslehre gesucht. Damit eignet sich das Rätsel zum **Zusammenfassen und Abschließen** des Themas; man kann es aber auch als **Anknüpfungsmöglichkeit für eine ausgiebigere Wiederholung** nutzen, wozu im Folgenden zwei Vorschläge gemacht werden. Da in jeder Klasse einige Schüler sind, die sich noch nie mit einem Silbenrätsel beschäftigt haben, sollte der Lehrer darauf hinweisen, dass es wegen eventuell erforderlicher Korrekturen zweckmäßig ist, die verwendeten Silben nur mit Bleistift durchzustreichen.

1. Vorschlag:
Die gesuchten Stichworte mit den zugehörigen, in Form von Begriffsumschreibungen formulierten Fragen bilden zusammen eine Art **Glossar**, das sich **noch ausbauen** lässt: Dazu werden weitere wichtige Begriffe zur Verhaltenslehre aus dem vorangegangenen Unterricht zusammengestellt und von den Schülern definiert oder in anderer Weise umschrieben – beispielsweise: Balzverhalten, Blickkontakt, Brutpflege, Drohverhalten, Einsicht, Erfahrung, Handlungskette, Kommentkampf, Lernen, Stressverhalten, Tanzsprache, Versöhnungsverhalten, Werkzeuggebrauch. Um derartige Fachausdrücke (ohne Zuhilfenahme des Lehrbuches) zu finden und inhaltlich wie stilistisch exakt umschreiben oder erklären zu können, müssen die Schüler die Materie gut überblicken.

2. Vorschlag:
Statt dieses Vorgehens oder zusätzlich kann der Lehrer die Schüler auch **passende Beispiele** zu den im Rätsel gesuchten Begriffen, insbesondere zum Lösungswort, **benennen und schildern** lassen. Einige Denkanstöße in Frageform können dabei hilfreich sein, etwa:

- Was sind Attrappen(versuche)? Welche Attrappenversuche sind dir bekannt?
- Welche Merkmale gehören zum Kindchenschema?
- Wie kann sich Imponierverhalten, wie Revierverhalten, Neugierverhalten, Appetenzverhalten äußern?
- Welche Übersprunghandlungen kennst du (von dir selbst)?
- Was versteht man unter einem unbedingten, was unter einem bedingten Reflex?
- Welche Methoden des Lernens unterscheidet man?

Schach dem Raubbau
– ein Rösselsprung –

In Versform weist uns der Münchener Schriftsteller *Eugen Roth* auf die Schutzwürdigkeit der Natur hin. Du erfährst den Wortlaut des Spruchs, wenn du dich **zwischen Start und Ziel** des Rätsels **wie ein Springer auf dem Schachbrett** fortbewegst; jedes Feld darf nur einmal benutzt werden.

		Start	Ziel		
		Zu	dert		
fäl-	denk'	ei-	be	wun-	er
nen	hal	dert	be-	hun-	stun-
es	len	Jahr-	be-	braucht	man
braucht's	schö-	ne	bis	de	Wach-
	ein	Baum	zum	ihn	
nen	ei-			sen	kaum

Der Spruch von *Eugen Roth* lautet:

____

____

____

____

Aus: Neue Rätsel im Biologieunterricht, Aulis Verlag Deubner & Co KG, Köln, 2000

Lösung zu Rätsel 26:

◇ Zu fällen einen schönen Baum

▭ braucht's eine halbe Stunde kaum;

○ zum Wachsen, bis man ihn bewundert,

⬭ braucht er – bedenk' es – ein Jahrhundert.

Klassenstufe: 5. - 10.
Schwierigkeitsgrad: *
Benötigte Zeit: 5 Minuten

Weitere Hinweise:

Der Spruch von *Eugen Roth* betont am Beispiel des Baums die **Schönheit und Schutzwürdigkeit der Natur** und propagiert damit auf seine Weise den pfleglichen Umgang mit ihr. Ob als Einstieg oder Abschluss des Themas Wald eingesetzt oder im Rahmen einer Unterrichtsreihe mit dem Schwerpunkt Naturschutz verwendet – der in der Rätselform eines Rösselsprungs dargestellte „Merksatz" lässt sich vielfältig nutzen; er ist zudem **einprägsam** und deshalb geeignet, von den Schülern in Erinnerung behalten zu werden, so dass er durchaus auch in anderen Bereichen des täglichen Lebens nachdenklich machen kann und möglicherweise beherzigt wird. Für kleinere Schüler ist das Rätsel auch als attraktive Hausaufgabe geeignet; zusätzlich gibt man ihnen auf, den Spruch auswendig zu lernen.

Durch die **Verwendung von vier verschiedenen Symbolen** für die vier Zeilen des Spruchs reduziert sich die Zahl der möglichen Sprünge erheblich, wodurch das Rätsel mühelos gelöst wird; dass jedes Symbol für eine Zeile steht, teilt man zu Beginn mit. Der Lehrer muss in jedem Fall, evtl. mit Hilfe einer kleinen Tafelskizze, für die „Nicht-Schachspieler" der Klasse erklären, **wie sich ein Springer** auf dem Schachbrett **bewegt** (Abbildung 1). Auch, dass die **Silben mit (Bleistift-)Strichen so miteinander verbunden** werden, dass sich der Spruch entlang der Linienführung ablesen lässt, muss man den Schülern vorab erklären, da die meisten von ihnen vermutlich noch nie einen Rösselsprung gelöst haben (Abbildung 2).

Den Inhalt des Spruchs kann man gegebenenfalls untermauern mit **Zahlenangaben** über **Umtriebszeiten** und – in Klammern – maximales Alter einiger wichtiger einheimischer Forstbäume in Jahren (Werte aus: Biologie in Zahlen, Gustav Fischer Verlag, Stuttgart 1985).

Bergahorn	120 – 140	(200)
Birke	60 – 80	(120)
Eiche	180 – 300	(1300)
Hainbuche	60 – 100	(150)
Rotbuche	120 – 140	(900)
Spitzahorn	120 – 140	(600)
Fichte	80 – 120	(1100)
Lärche	100 – 140	(600)
Kiefer	100 – 120	(500)
Tanne	90 – 130	(500)

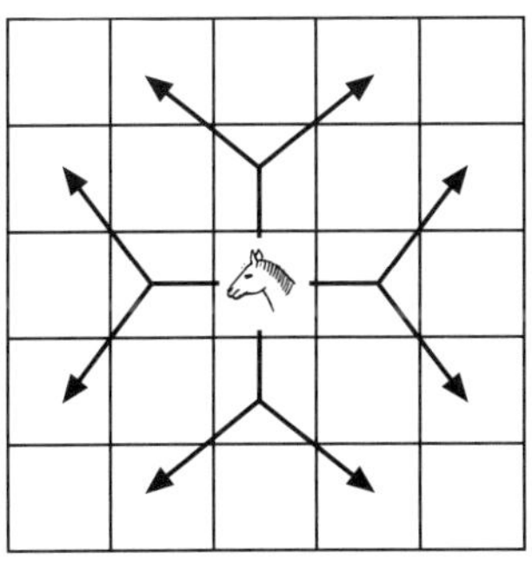

Abb. 1

Abb. 2

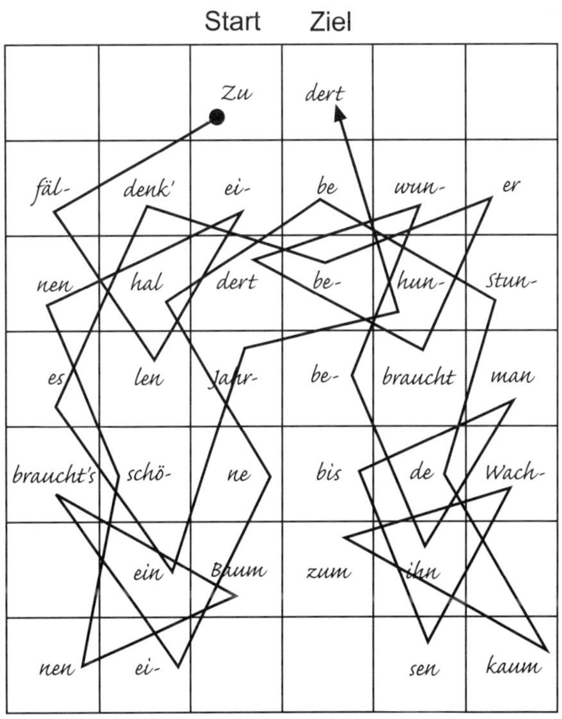

Im Boden

– Fassung A: ein Kreuzworträtsel –

Böden bilden die **Grundlage für unsere Ernährung**, die meisten Böden sind zudem **dicht besiedelte Lebensräume**. Manche Bodenlebewesen lassen sich kaum blicken, andere sind zu klein, um sie mit bloßem Auge sehen zu können; viele üben einen günstigen Einfluss auf die Beschaffenheit des Bodens aus, in dem sie leben, einige sind gefürchtete Schädlinge.

In dem Kreuzworträtsel werden **30 Begriffe gesucht**, die **mit dem Thema „Boden" zu tun** haben: Es geht um Bodenarten und Lebewesen im Boden ebenso wie um Prozesse der Bodenbildung und Bodenverbesserung. Wenn du alle Antworten gefunden hast (Ä = AE, Ö = OE, Ü = UE, ß = SS) und dann die **eingekreisten Buchstaben** in die vorgesehene Reihenfolge bringst, erhältst du als **Lösungswort** des Rätsels ein wichtiges Qualitätsmerkmal von Böden.

Waagrecht:

1. Gruppe von Kleinstlebewesen mit unterschiedlichen Aufgaben im Boden
4. Bezeichnung für die humusreiche, oberste Bodenschicht
5. fruchtbarer, durch Eisenverbindungen gelblich gefärbter Boden, Gemisch aus Sand und Ton
7. ausgedehntes unterirdisches Wasservorkommen
9. anderer Ausdruck für vermodern
12. Bodenbewohner mit bis zu 240 Beinpaaren, gehören zum Stamm der Gliederfüßler
15. der wichtigste Bodenverbesserer, lockert den Boden und erzeugt Humus
19. steiniges Bodenmaterial aus kleinen, durch Wasser gerundeten Steinen ab 2 mm Korngröße
20. Vorstufe der Braunkohle, durch unvollständige Zersetzung abgestorbenen Pflanzenmaterials unter Luftabschluss entstanden
21. Lebewesen, von denen zahlreiche unscheinbare Kleinformen maßgeblich zur Bodenbildung beitragen
22. Spinnentiere, an der Stoffumsetzung im Boden beteiligt
23. feinkörniges Bodenmaterial, bildet lockere, wasserdurchlässige, nährstoffarme Böden, typisch für Kiefernwälder
24. nährstoffreicher Boden, durch Zersetzung abgestorbener pflanzlicher und tierischer Organismen entstanden
25. kleiner Krebs, liebt dunkle, feuchte Lebensräume, frisst abgestorbene Blätter
26. eine Gruppe stickstoffhaltiger Verbindungen, z. B. in Mineraldüngern enthalten
27. Qualitätsmerkmal eines Bodens, wird durch die Tätigkeit des Regenwurms begünstigt
28. Folge jeder Ernte für den Boden

Senkrecht:

1. Bezeichnung für die übereinander liegenden Zonen eines Bodenprofils, werden auch Bodenhorizonte genannt
2. sehr feiner, schwerer, wasserundurchlässiger Boden mit hohem Nährstoffgehalt, kann (bei Lockerung) äußerst fruchtbar sein
3. eine Folge unsachgemäßen Düngens
4. dunkelblauer, metallisch glänzender Käfer, Kotfresser
6. Bezeichnung für die oft kreisförmige Anordnung von (Groß)pilzen auf dem Boden
8. kleines, lichtscheues Nagetier, legt ein weit verzweigtes unterirdisches Gangsystem an, Schädling, frisst Baumwurzeln ab und vernichtet Gemüsepflanzen
10. Maikäferlarve, Schädling, frisst Wurzeln
11. Fachausdruck für die Abtragung von Boden durch Niederschläge und / oder Wind
13. kleine, im Boden lebende, Staaten bildende Insekten
14. sehr feines, kalkhaltiges Bodenmaterial, der fruchtbarste Ackerboden überhaupt
16. die unterirdischen Teile der Pflanzen, geben dem Boden Halt
17. das Entfernen von Wurzelstöcken aus dem Boden
18. kleines, im Boden lebendes Säugetier mit samtartigem Fell, spitzer Schnauze und Insektenfressergebiss, gräbt mit seinen schaufelförmigen Grabhänden ein ausgedehnten unterirdisches Gangsystem, in dem es nach Beutetieren sucht, ernährt sich hauptsächlich von Regenwürmern

Aus: Neue Rätsel im Biologieunterricht, Aulis Verlag Deubner & Co KG, Köln, 2000

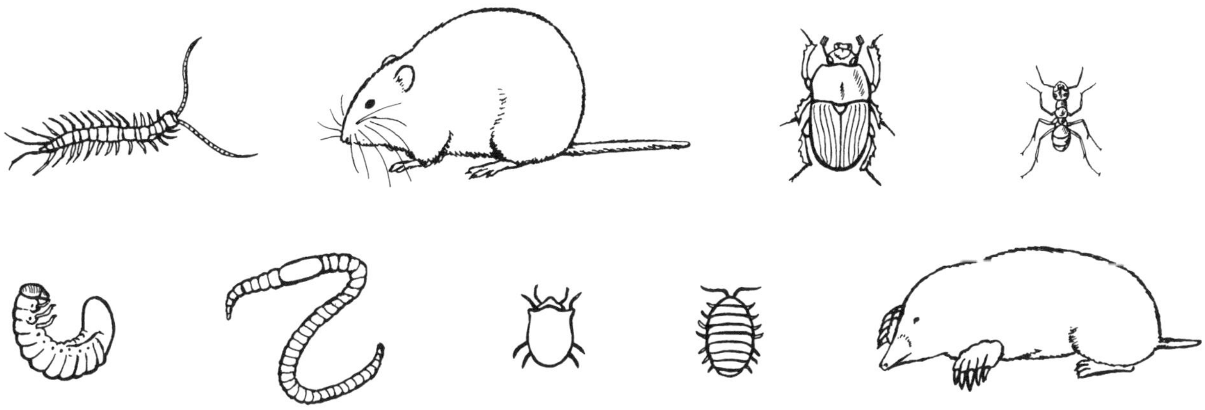

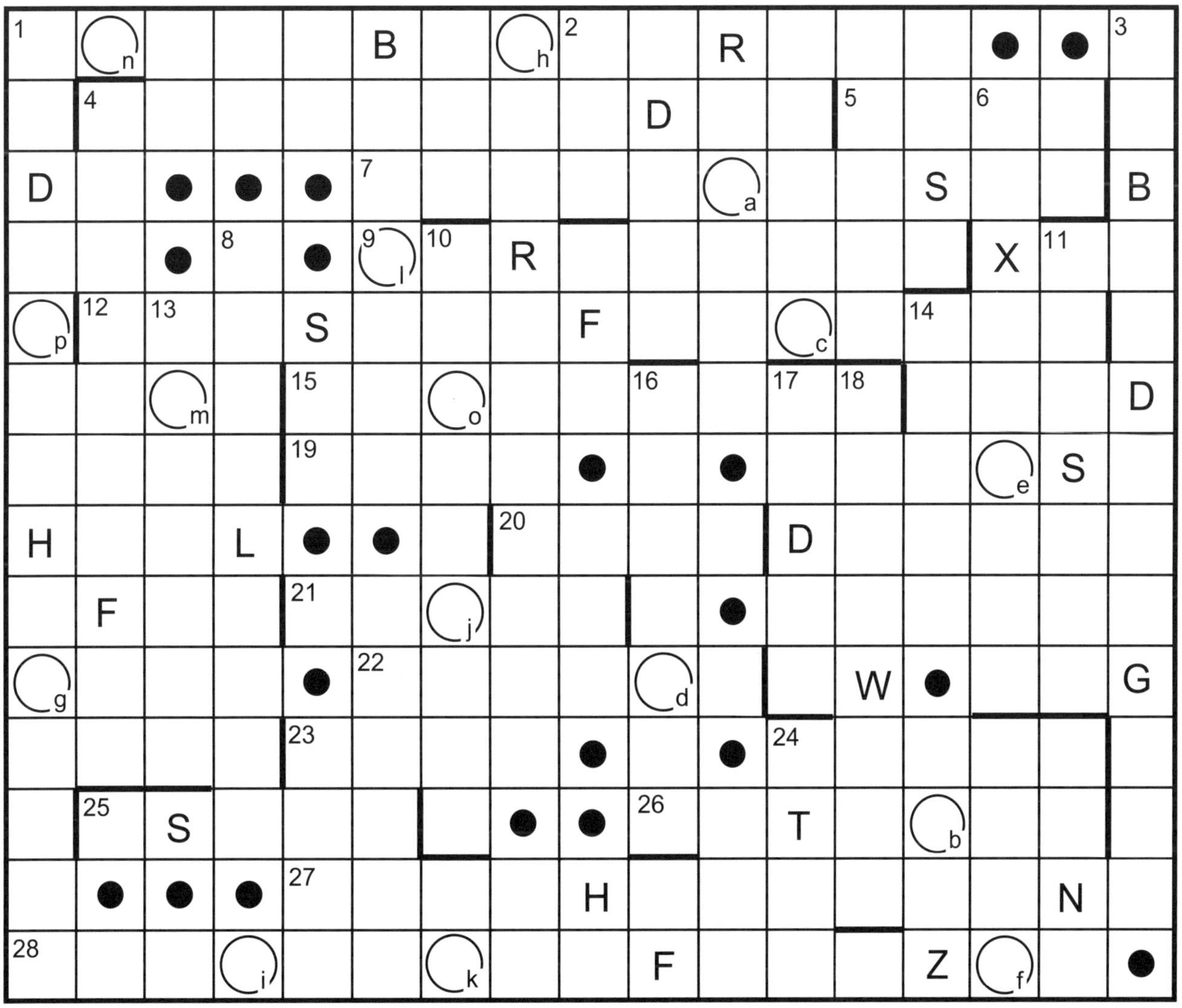

Lösungswort:

_ _

a b c c d e e f d g h i b j k d l d e m n d o d p

Im Boden

– Fassung B: ein Kreuzworträtsel zum Selbermachen –

Ordne die folgenden 30 Begriffe entsprechend ihrer Buchstabenzahl in das Rätselgitter ein. **Formuliere** anschließend für die 30 Begriffe Umschreibungen oder Fragen, die zum Thema „Boden" passen – erst dann ist das Kreuzworträtsel fertig.

Waagrecht

16 Buchstaben: NAEHRSTOFFENTZUG
15 Buchstaben: TAUSENDFUESSLER
14 Buchstaben: BODENBAKTERIEN
13 Buchstaben: DURCHLUEFTUNG
11 Buchstaben: GRUNDWASSER, MUTTERBODEN
9 Buchstaben: REGENWURM, VERROTTEN
7 Buchstaben: NITRATE
6 Buchstaben: MILBEN
5 Buchstaben: ASSEL, HUMUS, PILZE
4 Buchstaben: KIES, LEHM, SAND, TORF

Senkrecht

14 Buchstaben: BODENSCHICHTEN
13 Buchstaben: UEBERDUENGUNG
10 Buchstaben: MISTKAEFER
9 Buchstaben: ENGERLING, HEXENRING, WUEHLMAUS
8 Buchstaben: MAULWURF
7 Buchstaben: AMEISEN, EROSION, WURZELN
5 Buchstaben: LOESS, RODEN
3 Buchstaben: TON

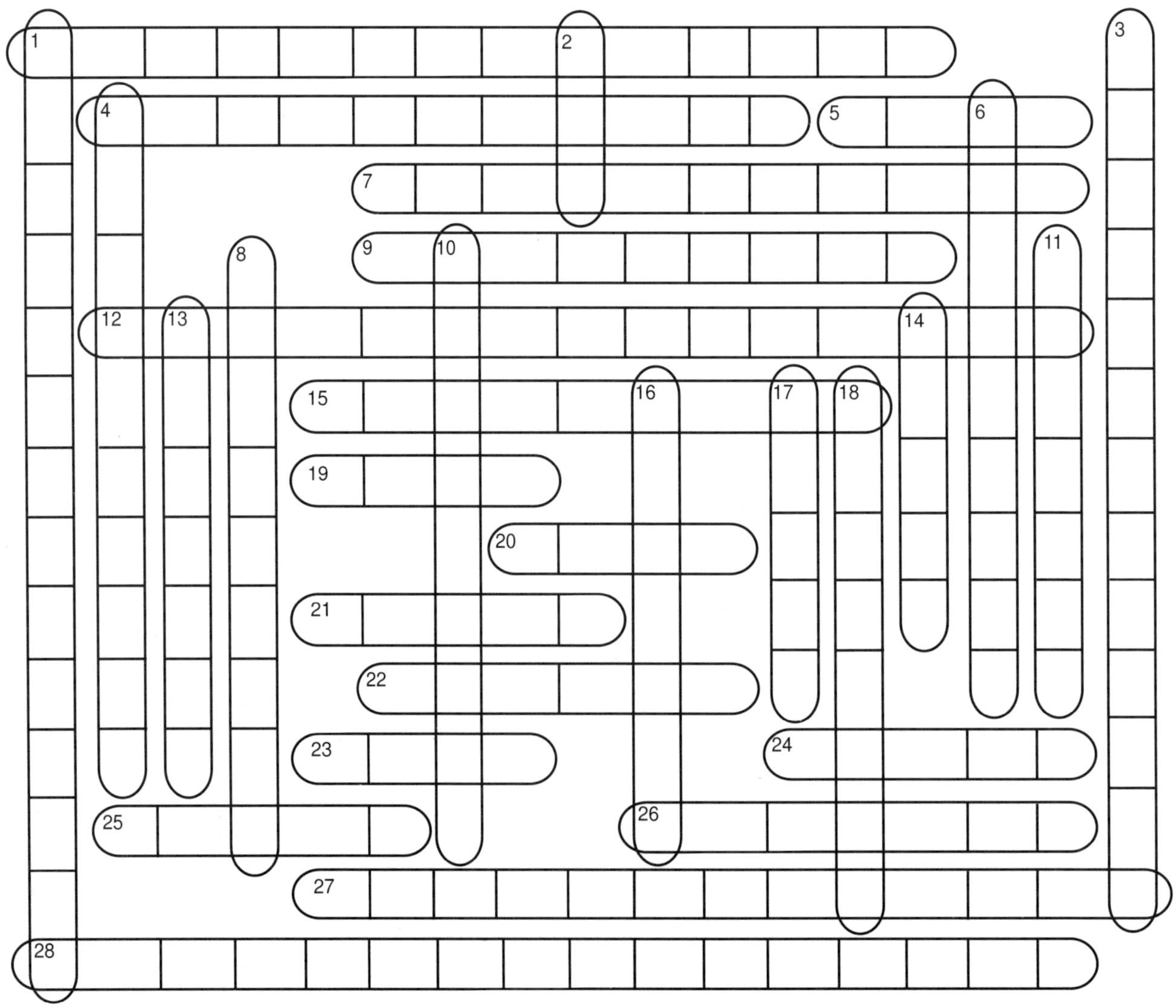

Aus: Neue Rätsel im Biologieunterricht, Aulis Verlag Deubner & Co KG, Köln, 2000

Lösung zu Rätsel 27:

Waagrecht: 1. Bodenbakterien, 4. Mutterboden, 5. Lehm, 7. Grundwasser, 9. verrotten, 12. Tausendfuessler, 15. Regenwurm, 19. Kies, 20. Torf, 21. Pilze, 22. Milben, 23. Sand, 24. Humus, 25. Assel, 26. Nitrate, 27. Durchlueftung, 28. Naehrstoffentzug

Senkrecht: 1. Bodenschichten, 2. Ton, 3. Ueberduengung, 4. Mistkaefer, 6. Hexenring, 8. Wuehlmaus, 10. Engerling, 11. Erosion, 13. Ameisen, 14. Loess, 16. Wurzeln, 17. roden, 18. Maulwurf

Lösungswort (nur Fassung A): WASSERRUECKHALTEVERMOEGEN

Klassenstufe:	8. - 10.	
Schwierigkeitsgrad:	** bis *** (Fassung A)	* (Fassung B)
Benötigte Zeit:	ca. 20 Minuten	maximal 10 Minuten

Weitere Hinweise:

Böden sind **komplizierte Wirkungsgefüge**, die aus dem Zusammenspiel zahlreicher, sich gegenseitig beeinflussender Faktoren resultieren (Tabelle 1 + Abbildung). Sie sind **Lebensräume** für unzählige Organismen (Tabelle 2), und sie bilden die **Grundlage für unsere Ernährung** – diese Gesichtspunkte klingen in dem Rätsel an.

Obwohl in beiden Rätselfassungen **dieselben Begriffe**, auch in gleicher Verteilung, einzutragen sind, unterscheiden sich die Fassungen deutlich – nicht nur **optisch** (was sofort auffällt), sondern vor allem in **methodisch-didaktischer** Hinsicht:

Fassung A ist die **anspruchsvollere**; sie kann von den Schülern nur erfolgreich bearbeitet werden, wenn zuvor **im Unterricht die Voraussetzungen dafür geschaffen** wurden. Die Vorgabe einiger Buchstaben erscheint notwendig. Ein zusätzliches **Lösungswort** ist nur in Fassung A zu ermitteln, es bietet sich für ergänzende Bemerkungen (und Versuche) an. **Einige Stichpunkte dazu**:

- Man unterscheidet Sickerwasser und Haftwasser; Pflanzen nehmen fast ausschließlich Haftwasser auf.
- Das Haftwasser ist nur zum Teil nutzbar, d. h. pflanzenverfügbar; der nicht verfügbare Anteil des (Haft)wassers heißt Totwasser.
- Gröbere Bodenarten (z. B. Sandböden) sind charakterisiert durch einen hohen Anteil an Sickerwasser und einen geringen an Haftwasser, bei feinen Böden (z. B. Tonen) ist es umgekehrt.
- Kapillarwasser in Feinporen (Durchmesser unter 0,2 µm) ist für Pflanzen nicht nutzbar, salzhaltiges Wasser schon bei größeren Poren nicht mehr.
- Pflanzen können den sog. Welkepunkt durch die Synthese osmotisch wirksamer Zellinhaltsstoffe (meist Zucker oder zuckerähnliche Verbindungen) in Grenzen verschieben.
- Je feiner das Material, desto größer werden bei Trockenheit die Wasserverluste durch kapillaren Aufstieg und anschließende Verdunstung, weswegen in Trockengebieten im Unterschied zum mitteleuropäischen Klima fruchtbare Böden grobkörnig sind.

Fassung B ist als **Einstieg in die Thematik** gedacht, denn das Hantieren mit den 30 Begriffen führt den Schülern zwangsläufig die **Komplexität** des Themas **vor Augen**. Nur vordergründig betrachtet ist diese Rätselfassung eine reine **Bastelei**, bei der es lediglich darauf ankommt, eine vernünftige Strategie für eine möglichst effektive Vorgehensweise zu entwickeln. (Zuerst werden waagrecht und senkrecht diejenigen Wörter in das Rätselgitter eingetragen, bei denen es keine zwei oder mehrere mit gleicher Buchstabenzahl gibt; im zweiten Durchgang lassen sich dann auch die restlichen Beispiele eindeutig platzieren.)

Wenn die Schüler anschließend oder später im Verlauf der Unterrichtsreihe die genannten 11 Bodenlebewesen, die 8 Bodenarten sowie die anderen 11 zum Themenkomplex gehörenden **Begriffe näher charakterisieren** (eventuell in drei Arbeitsgruppen), ergibt sich ein der Fassung A mindestens vergleichbarer Schwierigkeitsgrad; der Zeitaufwand dürfte den für Fassung A dann überschreiten.

Wegen seines **fächerübergreifenden Charakters** eignet sich das Thema „Boden" hervorragend für den Wahlpflichtunterricht, den es in manchen Bundesländern gibt, auch für Arbeitsgemeinschaften und Projektwochen, wobei der Lehrer **sehr unterschiedliche Akzente setzen** kann – von der Geologie und Geographie über die Physik und Chemie bis hin zu Umweltfragen, zur (Land)wirtschaft und zur Politik. Im regulären Biologieunterricht kommt dem Boden aus Zeitgründen selten der Stellenwert zu, der ihm von seiner fundamentalen Bedeutung her eigentlich gebührt.

Tabelle 1: Merkamle von Böden in Abhängigkeit von der vorherrschenden Korngröße

Bodenart		Eigenschaften			
Grobboden	(> 2 mm)	* Wasserdurchlässigkeit	Abnahme	* Porenanteil	Zunahme
Feinboden	(< 2 mm)	* Durchlüftung		* Wasserkapazität	
– Sand	(2 – 0,063 mm)	* Durchwurzelbarkeit		* Nährstoffgehalt	
– Schluff	(0,063 – 0,002 mm)	* Bearbeitbarkeit		* Fähigkeit zum Kationenaustausch	
– Ton	(< 0,002 mm)				

Abbildung: Bodenprofile der häufigsten Bodentypen Europas

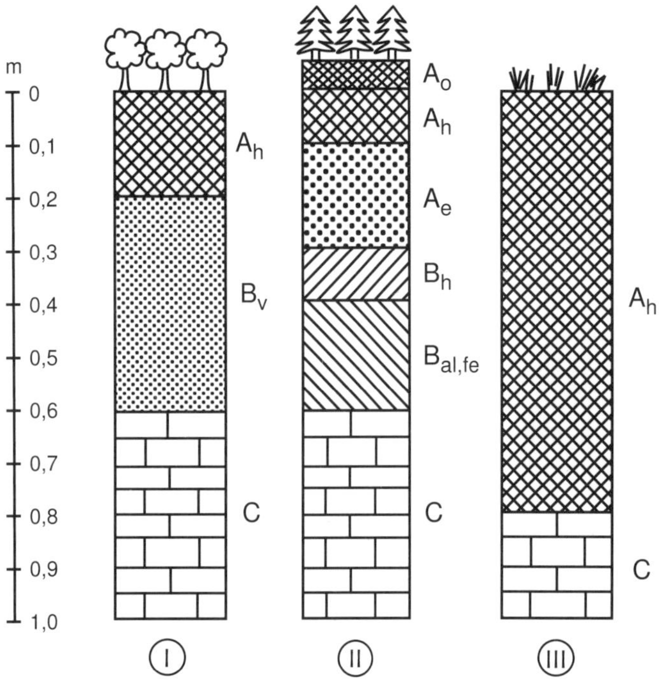

Kennzeichnung der Bodenhorizonte:
A = Oberboden; **B** = Unterboden; **C** = Ausgangsgestein; **h** = humushaltig; **v** = verwittert, verbraunt; **o** = organische Auflage (Rohhumus); **e** = ausgewaschen, gebleicht („Bleichhorizont"); **al, fe** = Aluminium- und Eisenanreicherung

(I) **Braunerde**: vorherrschend im gemäßigt warmen, humiden Klima **Mitteleuropas**; unter Laubwald, auch Wiesen- und Ackerland; **mittlere Fruchtbarkeit**; unterschiedliches Ausgangsgestein.

(II) **Bleicherde (Podsol)**: verbreitet im winterkalten, humiden Klima **Nordeuropas**; meist aus Sandboden hervorgegangen (z. B. Norddeutsches Tiefland); Nadelwald, Heidekraut; **geringe Fruchtbarkeit**.

(III) **Schwarzerde**: der typische, sehr humusreiche Steppenboden im semiariden, winterkalten Kontinentalklima **Osteuropas**; **sehr fruchtbar** (z. B. auch Magdeburger Börde); Ausgangsmaterial meist Löss.

Tabelle 2: Bodenfauna pro m² einer Magerwiese

Mikrofauna (< 0,2 mm)	hauptsächlich Einzeller	1 - 2 Milliarden
Mesofauna (0,2 – 2 mm)	Fadenwürmer	5.000.000
	Springschwänze	23.000
	Milben	18.000
Makrofauna (2 – 20 mm)	Käfer und Käferlarven	800
	Tausendfüßler	550
	Ameisen	320
	Asseln	300
	Fliegenlarven	240
	Spinnen	230
Megafauna (> 20 mm)	Enchyträen	2.000
	Regenwürmer	110
	Schnecken	< 100
	Nagetiere (Mäuse)	einige
	Insektenfresser (Maulwurf, Spitzmäuse)	einige

(nach *Bochter, R.*: Boden und Bodenuntersuchungen, Praxis-Schriftenreihe, Bd. 53. Aulis Verlag Köln 1995; vereinfacht, ergänzt)

Am Weiher

– Fassung A: ein Puzzle zum Ausschneiden und Einkleben –

Viele der hier abgebildeten Pflanzen und Tiere hast du sicher schon gesehen. Weißt du auch, wie sie heißen? Du erfährst es, wenn du die **32 Worthälften** ausschneidest und **richtig zusammensetzt**. Trage vor jedem Namen die Nummer der zugehörigen Abbildung ein und klebe die Bilder und Namen (der Reihe nach) in dein Heft!
Die **Buchstaben hinter den 16 Namen** verraten dir dann, wie das unten abgebildete **„Lösungstier"** heißt. Trage seinen Namen als Lösungswort neben der Abbildung ein und klebe beides ebenfalls in dein Heft!

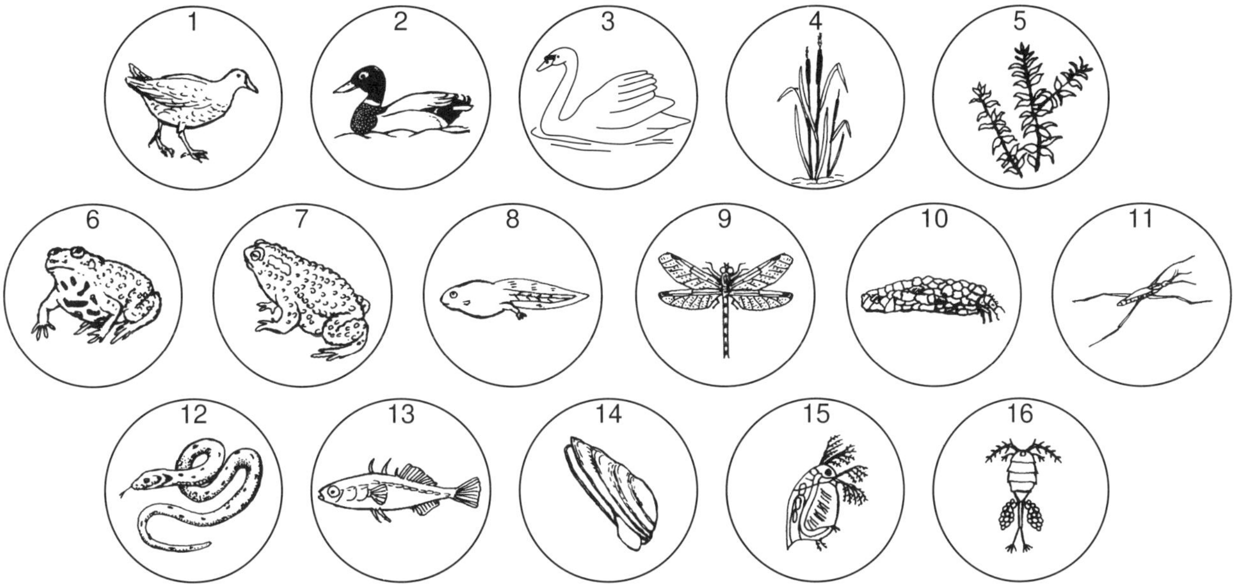

Nr.	Wasser-	Nr.	Gelbbauch-	ling	E	larve	C
Nr.	Stock-	Nr.	Stich-	natter	N	wanze	H
Nr.	Ringel-	Nr.	Höcker-	floh	K	ente	O
Nr.	Rohr-	Nr.	Wasser-	schwan	S	kröte	R
Nr.	Erd-	Nr.	Köcherfliegen-	pest	H	ling	E
Nr.	Teich-	Nr.	Hüpfer-	quappe	N	unke	O
Nr.	Königs-	Nr.	Kaul-	muschel	C	huhn	P
Nr.	Teich-	Nr.	Wasser-	kolben	T	libelle	S

Lösungstier:

1	2	3	4	5	6	7	8	9	10	11	12	13	14	15	16

Am Weiher

– Fassung B: ein Rätselspaziergang

30 Pflanzen und Tiere, die für den Lebensraum „Weiher" besonders typisch sind, werden hier beschrieben – bist du ihnen schon einmal begegnet? Trage ihre Namen in den Rundweg ein und beachte dabei: Ä = AE, Ö = OE, Ü = UE. Viele der beschriebenen Pflanzen und Tiere sind zusätzlich auch abgebildet. Das **Lösungswort** des Rätselspaziergangs ergibt sich aus den Buchstaben in den mit a bis l gekennzeichneten Kreisen. (Zur Erleichterung sind die 30 gesuchten Namen in alphabetischer Reihenfolge am Ende dieser Seite bereits genannt.)

1. Wasserpflanze mit großen Schwimmblättern und prächtigen weißen Blüten
2. kleiner Wasserkrebs, Größe bis 4 mm, schwimmt durch schlagende Bewegungen seiner Antennen
3. hohe Pflanze des Schilfgürtels mit langem, dunkelbraunem, zylindrischem Fruchtstand
4. als Wildform selten gewordener Süßwasserfisch von maximal 1 m Länge, liebt stehende Gewässer, wird als Speisefisch in Teichen gezüchtet
5. unsere häufigste Wildente, typisch für das Prachtkleid der Männchen der dunkelgrüne Kopf und der weiße Halsring
6. Wasservogel mit charakteristischem Federschmuck am Kopf, taucht nach Fischen, baut sein schwimmendes Nest vor dem Röhrichtgürtel, liebt größere Seen
7. Sammelbezeichnung für alle im Wasser schwebenden Lebewesen, die nicht aktiv schwimmen
8. Baum mit dunkelgrünen, an der Spitze etwas eingebuchteten Blättern und braunen, holzigen, zapfenartigen Früchten, liebt feuchte Böden
9. Jugendform (Larve) von Frosch, Kröte und Unke
10. die häufigste einheimische Schlange, ungiftig, wird über 1 m lang, Oberseite grau mit schwarzen Flecken, Bauchseite hell, rechts und links am Hinterkopf je ein halbmondförmiger heller Fleck
11. Laubbaum der Uferregionen, zahlreiche Arten, typisch die biegsamen, zur Herstellung von Flechtwerk geeigneten Äste
12. schwanzloses, 8-13 cm großes Amphib mit warziger Haut, kann nicht (wie ein Frosch) springen
13. Weichtier mit einem gewundenen, ebenen Gehäuse von etwa 3 cm Durchmesser
14. grauer Wasservogel mit weißem Hals, langem Schnabel und langen Beinen, nistet auf Bäumen, Nahrungssuche auf feuchten Wiesen und im Uferbereich
15. kleines, schwanzloses Amphib mit gelb-schwarzer Unterseite, wird bis 4 cm groß
16. Pflanze feuchter Böden mit runden, knotenlosem Halm und stielrunden Blättern, die sich für Flechtwerk eignen
17. hohes Gras mit elastischen, langen Halmen und scharfen Blättern, charakteristisch für die Uferregion stehender Gewässer
18. nachts fliegendes Insekt, typisch seine im Wasser in einem kunstvoll gefertigten röhrenförmigen Gehäuse lebende Larve
19. bis 1 cm großer Wasserkrebs, verträgt keine starke Strömung, ernährt sich von verwesendem Pflanzen- und Tiermaterial, ähnliches Aussehen wie eine in feuchten Kellern lebende Art
20. schlankes Amphib mit Schwanz, hat etwa gleich lange Vorder- und Hinterbeine, lebt vom Frühjahr bis zum Frühsommer im Wasser und laicht dort
21. sehr seltener und scheuer Wasservogel, lebt im Schilfgürtel, typisch seine „Pfahlstellung" als Tarnung, Nest dicht am Wasser, sucht seine aus Fröschen, Schnecken und Insekten bestehende Nahrung im Röhricht
22. häufig vorkommender großer, weißer Wasservogel mit Verdickung auf dem Oberschnabel
23. aus Nordamerika stammende Wasserpflanze, die sich bei uns pestartig vermehrte
24. Bezeichnung für die Eier z. B. von Fischen, Amphibien und Wasserschnecken
25. kleiner Wasserkrebs, Größe bis 3 mm, bewegt sich im Wasser mit hüpfenden Bewegungen, die Weibchen tragen häufig Eiersäckchen
26. grauschwarzer Wasservogel mit olivgrünem Rücken, rotem Stirnfleck und rotem Schnabel, läuft über Schwimmblätter und pickt dort nach Schnecken, Insekten sowie Frosch- und Fischlaich, Nest gut versteckt am Ufer
27. schwanzloses Amphib, kann im Unterschied zu Kröte und Unke springen
28. Weichtier mit zweiklappiger, harter Schale, hat keinen Kopf, lebt am Grund stehender Gewässer, wird bis 20 cm groß
29. oft prächtig schimmerndes, räuberisches, geschickt fliegendes Insekt, jagt im Uferbereich
30. gehört zu den Wasserwanzen, kann auf der Wasseroberfläche laufen

---

Binsen – Erdkröte – Erle – Frosch – Gelbbauchunke – Graureiher – Haubentaucher – Höckerschwan – Hüpferling – Köcherfliege – Karpfen – Kaulquappe – Laich – Libelle – Plankton – Posthornschnecke – Ringelnatter – Rohrdommel – Rohrkolben – Schilf – Seerose – Stockente – Teichhuhn – Teichmolch – Teichmuschel – Wasserassel – Wasserfloh – Wasserläufer – Wasserpest – Weide

Aus: Neue Rätsel im Biologieunterricht, Aulis Verlag Deubner & Co KG, Köln, 2000

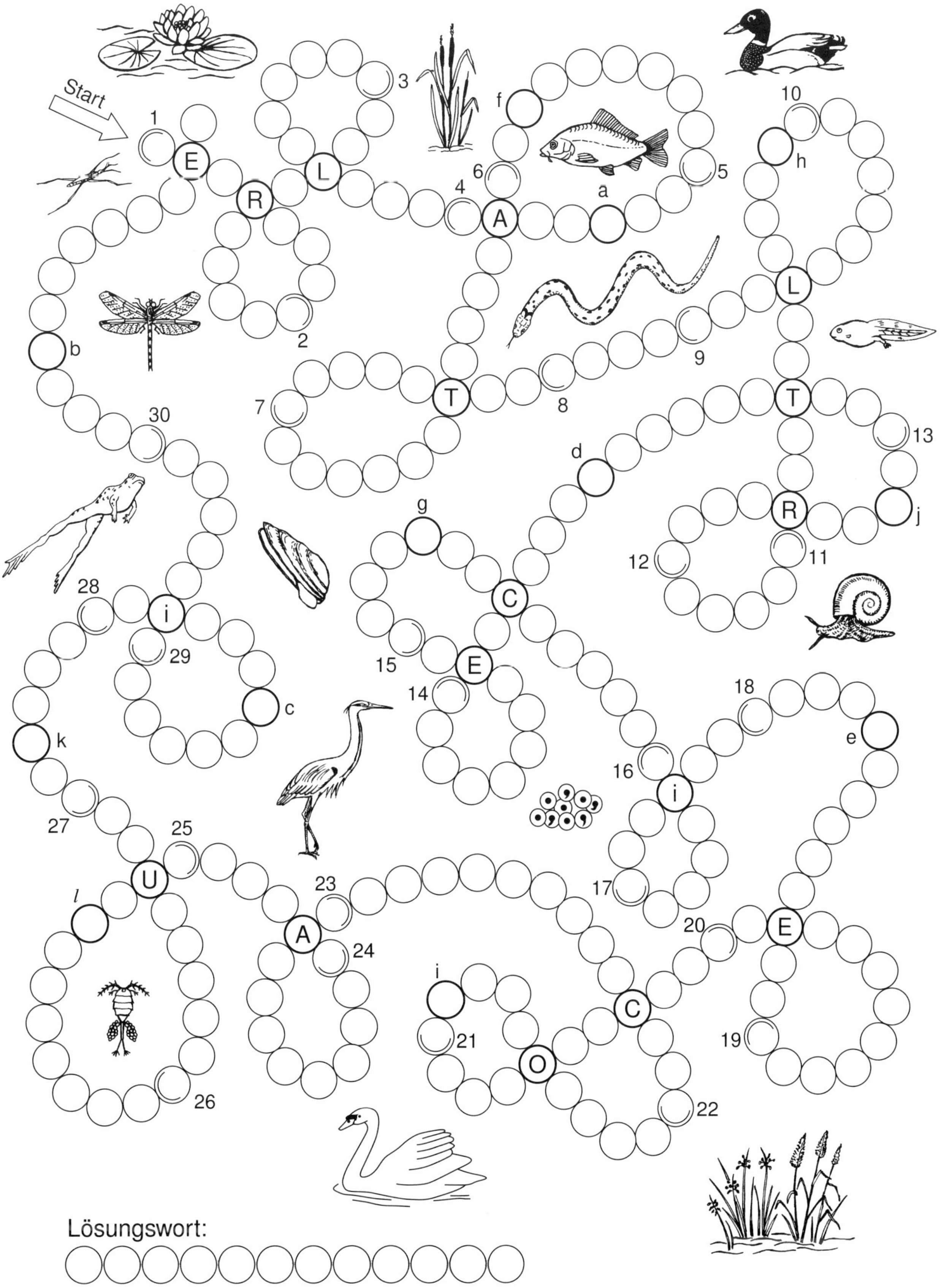

Lösungswort:

a b c d e f g h i j k l

Lösung zu Rätsel 28:

Fassung A: 1. Teich-huhn, 2. Stock-ente, 3. Höcker-schwan, 4. Rohr-kolben, 5. Wasser-pest, 6. Gelbbauch-unke, 7. Erd-kröte, 8. Kaul-quappe, 9. Königs-libelle, 10. Köcherfliegen-larve, 11. Wasser-wanze, 12. Ringel-natter, 13. Stich-ling, 14. Teich-muschel, 15. Wasser-floh, 16. Hüpfer-ling

Lösungswort: POSTHORNSCHNECKE

Fasung B: 1. Seerose, 2. Wasserfloh, 3. Rohrkolben, 4. Karpfen, 5. Stockente, 6. Haubentaucher, 7. Plankton, 8. Erle, 9. Kaulquappe, 10. Ringelnatter, 11. Weide, 12. Erdkroete, 13. Posthornschnecke, 14. Graureiher, 15. Gelbbauchunke, 16. Binsen, 17. Schilf, 18. Koecherfliege, 19. Wasserassel, 20. Teichmolch, 21. Rohrdommel, 22. Hoeckerschwan, 23. Wasserpest, 24. Laich, 25. Huepferling, 26. Teichhuhn, 27. Frosch, 28. Teichmuschel, 29. Libelle, 30. Wasserlaeufer

Lösungswort: FEUCHTBIOTOP

Klassenstufe:	5. - 6. (Fassung A)	7. - 10. (Fassung B)
Schwierigkeitsgrad:	*	**
Benötigte Zeit:	15 Minuten	20 Minuten

Weitere Hinweise:

Beide Rätselfassungen verfolgen das Ziel, die in der Regel bescheidenen biologischen **Formkenntnisse** der Schüler **zu verbessern**. Dies kann Selbstzweck sein (Kl. 5/6) oder sich als sinnvolle Ergänzung einfügen in eine umfassendere Untersuchung des Lebensraums „Weiher“ in höheren Klassen, bei der es dann vorrangig um Nahrungsbeziehungen (Kl. 7/8) oder Gewässeruntersuchungen (Kl. 9/10) gehen dürfte.

Die beiden Rätselfassungen unterscheiden sich erheblich, was mit ihrer **Altersgemäßheit** zusammenhängt – das gilt sowohl für die **äußere Form** wie auch für den **Umfang** und die Auswahl der beiden **Lösungswörter**. Beide Fassungen enthalten bereits die Namen der betreffenden Lebewesen, damit sich beim Lösen alsbald Erfolgserlebnisse einstellen können: In Fassung A liegen die Worthälften getrennt vor und müssen richtig kombiniert werden, in Fassung B stehen die (kompletten) Namen alphabetisch aufgelistet am Ende des Rätselblattes. Nicht alle Beispiele der kürzeren Fassung (A) sind der längeren (B) entnommen.

Fassung A ist im **Grenzbereich zwischen Rätsel, Arbeitsblatt und Bastelaufgabe** angesiedelt. Die Kreise mit den Lebewesen können, aber müssen nicht einzeln herausgeschnitten werden; es reicht aus, nur die 32 Namensetiketten auszuschneiden und dann richtig kombiniert und sortiert neu aufzukleben. Die Worthälften lassen sich eindeutig zuordnen. (Sollten Schüler sie zu einem nicht am Weiher vorkommenden „Erdfloh“ oder der in Europa nicht vertretenen „Königsnatter“ kombinieren, stört das später beim Lösungswort und wird korrigiert; auch würden diese Namen nicht zu den fraglichen Abbildungen passen.)

Als **Hausaufgabe** ist das Rätsel bei Schülern gern gesehen – bei Lehrern ebenfalls, da diese Hausaufgabe nicht noch schnell vor der nächsten Biologiestunde abgeschrieben werden kam. Steht genügend Zeit zur Verfügung, beispielsweise im Rahmen einer **Projektwoche**, kann das Rätsel auch im **Unterricht** selbst gelöst werden; der Lehrer muss dann für eine ausreichende Anzahl von Scheren und für Klebstoff sorgen. Soll das Rätsel **leichter werden**, werden vor dem Kopieren, also bereits vom Lehrer, die Nummern links vor den ersten Worthälften eingetragen.

In **Fassung B** konnten aus Platzgründen nicht alle Lebewesen zusätzlich auch abgebildet werden, was bei dieser Konstruktion auch nicht erforderlich ist – die Umschreibungen stellen das eigentliche Rätsel dar, die Abbildungen haben nur eine unterstützende Funktion. Sie befinden sich stets in der Nähe der Stellen, an denen die betreffenden Namen aufgrund der Fragen eingetragen werden müssen.

Die **Buchstaben an den Kreuzungen** und die **Anzahl der Kreise** sind wichtige Anhaltspunkte für das Eintragen der Antworten am richtigen Platz. Soll das Rätsel **schwerer werden**, kann der Lehrer die untere Partie mit den Namen vor dem Kopieren abdecken. Das könnte dann angebracht sein, wenn das Rätsel einer abschließenden Stoffwiederholung oder Wissensüberprüfung dient. (Abgedeckt wird dann möglichst auch der letzte Satz der Einleitung, mit dem die Schüler auf die in alphabetischer Reihenfolge am Ende der Seite bereits genannten Namen aufmerksam gemacht werden.)

Natur- und Artenschutz
– ein Silbenrätsel –

Mit Hilfe der angegebenen Silben sind die folgenden 31 Begriffe zu finden. (Die verwendeten Silben werden stets ausgestrichen; zum Schluss darf keine Silbe übrig bleiben.) Wenn die Antworten und die gesuchten Buchstaben eingetragen sind, ergibt sich, von oben nach unten gelesen, als Lösung des Rätsels der **Name einer für den Natur- und Artenschutz wichtigen internationalen Vereinbarung**.

ab	ad	ar	art	aus	aus	be	bein	ben	ben	bi	bi	brand	chi			
de	de	dung	el	en	en	er	fen	feucht	fung	füt	ge	gei	gen			
hal	holz	horn	hu	kämp	kenn	ket	kip	ko	krö	kul						
la	ler	lin	lings	lis	mo	mus	na	na	nah	nal	nas	no				
o	o	o	ö	obst	öl	on	or	pa	pa	pan	parks	pe	pen	pen	pest	po	pu
re	re	rie	ro	ro	rung	rung	rung	rungs								
schäd	schild	schmet	se	ser	stein	ster	ster	streu	sys							
te	te	te	tem	ten	ten	ten	ter	ter	ti	ti	to	top	tro	tu	tung	tur
um	wald	wald	was	wie	wil	win	zer									

1. Bezeichnung für die Schädigung unserer Wälder, hervorgerufen durch die Einwirkung von Schadstoffen .... (1) ....
2. eines der wichtigsten Ziele des Naturschutzes .... (1) ....
3. früher in bäuerlichen Gegenden weit verbreiteter Lebensraum für kleine Tiere; ging im Zuge der Modernisierung des landwirtschaftlichen Anbaus immer mehr zurück .... (1) ....
4. Gruppe geschützter Panzer tragender Reptilien .... (3) ....
5. eine umstrittene Maßnahme, um Tieren durch die kalte Jahreszeit zu helfen .... (2) ....
6. allgemeine Bezeichnung für besonders charakteristische Arten eines Lebensraums .... (3) ....
7. üppiges, urwüchsiges Ökosystem der Tropen mit hoher Luftfeuchtigkeit und großer Artenvielfalt .... (3) ....
8. Bezeichnung für großräumige Naturschutzgebiete, die vornehmlich der Erhaltung und wissenschaftlichen Beobachtung möglichst artenreicher heimischer Tier- und Pflanzenbestände dienen .... (3) ....
9. Fachausdruck für Lebensraum .... (3) ....
10. heute die verbreitetste landwirtschaftliche Anbauweise, die den Verlust zahlreicher ökologischer Nischen mit sich brachte .... (3) ....
11. der Handel mit diesem tierischen Produkt ist untersagt, um Wilderern „das Handwerk zu legen" und so die großen asiatischen und afrikanischen Säugetiere vor der Ausrottung zu bewahren .... (1) ....
12. in ihnen sind die bedrohten Pflanzen- und Tierarten nach verschiedenen Gefährdungskategorien aufgelistet (2 Wörter) .... (1) ....

13. in den Tropen beheimatete, oft farbenprächtige Vögel mit hoch entwickeltem Gedächtnis- und Assoziationsvermögen, stehen großenteils unter Artenschutz .... (2) ....
14. geschützte Pflanzenfamilie, zu der z. B. auch Knabenkraut und Frauenschuh gehören .... (2) ....
15. das unkontrollierte Abholzen von wertvollem ??? schädigt den tropischen Regenwald ganz erheblich .... (1) ....
16. Beispiele für ??? sind Moore, Auen und Bachufer .... (2) ....
17. Bezeichnung für die Rückführung einer Kulturlandschaft in ihren ursprünglichen Zustand .... (3) ....
18. ohne Maßnahmen des Artenschutzes sind immer mehr Pflanzen- und Tierarten vom ??? bedroht .... (3) ....
19. Gruppe von Insekten, für die z. B. eine Blumenwiese als Lebensraum von großer Bedeutung ist; allerdings sind ihre Larven teilweise auch Schädlinge .... (2) ....
20. notwendige Maßnahme, um Ernten zu sichern, der aber auch unschädliche Kleintiere zum Opfer fallen können .... (3) ....
21. die Entlassung gezüchteter Wildformen von Tieren in die freie Natur .... (2) ....
22. bei uns äußerst bedrohter Greifvogel; früher in Deutschland sehr verbreitet, kommt heute nur noch in den Alpen vor .... (2) ....
23. ein in seiner Heimat Südostasien vom Aussterben bedrohtes großes, Pflanzen fressendes Säugetier .... (4) ....
24. kommunales und industrielles ??? durchläuft Kläranlagen, bevor es in unsere Gewässer gelangt .... (1) ....
25. abzulehnende Methode (Raubbau), um aus Nr. 7 landwirtschaftliche Nutzflächen zu gewinnen .... (1) ....
26. Fachausdruck für eine Lebensgemeinschaft samt ihrem Lebensraum .... (2) ....
27. die Gesamtheit aller Individuen einer Art, die in einem bestimmten Gebiet zusammenleben und eine Fortpflanzungsgemeinschaft bilden .... (2) ....
26. Überdüngung kann in einem Gewässer zu so erheblichem Sauerstoffmangel führen, dass es schließlich zum ??? des Gewässers kommt .... (2) ....
29. aus abgestorbener organischer Substanz bestehender Bestandteil der oberen Bodenschichten, Lebensraum zahlreicher Kleinstlebewesen .... (3) ....
30. sie bedroht immer wieder Küstenregionen und lässt Wasservögel und andere Wassertiere qualvoll verenden .... (4) ....
31. wer an ihrem Ende steht, ist bei der Nahrungsaufnahme durch in der Nahrung gespeicherte Gifte aller Art in besonderem Maße gefährdet .... (1) ....

Die Lösung lautet:

....

Aus: Neue Rätsel im Biologieunterricht, Aulis Verlag Deubner & Co KG, Köln, 2000

Lösung zu Rätsel 29:

1. Waldsterben, 2. Arterhaltung, 3. Streuobstwiese, 4. Schildkröten, 5. Winterfütterung, 6. Kennarten, 7. Regenwald, 8. Nationalparks, 9. Biotop, 10. Monokultur, 11. Elfenbein, 12. Rote Listen, 13. Papageien, 14. Orchideen, 15. Tropenholz, 16. Feuchtbiotope, 17. Renaturierung, 18. Aussterben, 19. Schmetterlinge, 20. Schädlingsbekämpfung, 21. Auswilderung, 22. Steinadler, 23. Panzernashorn, 24. Abwasser, 25. Brandrodung, 26. Ökosystem, 27. Population, 28. Umkippen, 29. Humus, 30. Ölpest, 31. Nahrungskette

Die Lösung lautet: WASHINGTONER ARTENSCHUTZABKOMMEN

Klassenstufe: 9. - 10.
Schwierigkeitsgrad: ***
Benötigte Zeit: 20 Minuten

Weitere Hinweise:

Indem das Rätsel **zahlreiche Aspekte meist ökologischer Art** bündelt, die **unter dem Gesichtspunkt „Natur- und Artenschutz"** zusammengefasst werden können und auch so gesehen werden müssen, eignet es sich zu einem **abschließendem Überblick über die Thematik**. Die Umschreibungen der gesuchten Begriffe gehen teilweise über das zum Lösen notwendige Maß hinaus und haben dadurch zugleich einen belehrenden Charakter. Obwohl einige der gesuchten Begriffe mittlerweile zum täglichen Sprachgebrauch gehören, setzt ein erfolgreiches Bearbeiten des Rätsels doch einen auf die Thematik zugeschnittenen Unterricht voraus. Das Rätsel wurde zwar für die Klassenstufen 9 und 10 konzipiert, eignet sich aber auch noch für Schüler der Sekundarstufe II.

* An **sehr bekannten Begriffen** werden im Rätsel z. B. gesucht: Waldsterben, Ölpest, Tropenholz, Elfenbein;
* Fachwörter, die die Schüler meist **erst im Unterricht kennen lernen**, sind z. B.: Ökosystem, Population, Feuchtbiotope, Humus, Kennarten, Monokultur, Nahrungskette, Umkippen;
* nach folgenden **geschützten / bedrohten Lebewesen** wird gefragt: Orchideen, Schmetterlinge, Steinadler, Papageien, Schildkröten, Panzernashorn;
* an **Maßnahmen zur Verbesserung des „status quo"** sollen genannt werden: Rote Listen, Auswilderung, Nationalparks, Elfenbein, Renaturierung;
* **Kritik** an bisherigen Vorgehens- und Verhaltensweisen kommt zum Ausdruck in den Umschreibungen zu: Tropenholz, Brandrodung.

Als Ergänzung zum Lösungswort sind im Folgenden **einige Anmerkungen zum Artenschutzrecht** zusammengestellt **(I)**; sie können die Schwierigkeit gesetzgeberischer Maßnahmen **(II)** und die Kompliziertheit ihrer effektiven Umsetzung **(III, IV)** verdeutlichen.

Zu I:
- Artenschutzrecht ist Bestandteil des **Naturschutzrechtes** und damit des **Umweltrechtes**.
- **Artenschutzrecht** und **Tierschutzrecht** sind zweierlei: Das Artenschutzrecht kümmert sich um den Schutz ganzer Arten, das Tierschutzrecht um den Schutz des einzelnen Tieres. Nicht dem Artenschutz unterliegen „echte", d. h. domestizierte Haustiere.
- **Sinn** des Artenschutzrechtes ist der **Schutz** der Tier- und Pflanzenwelt
  1. vor **direktem Zugriff** durch Entnahme oder Töten von Individuen,
  2. vor der **Schädigung ihrer Biotope**,
  3. vor **Aussetzen oder Ansiedeln gebietsfremder Lebewesen** (wegen möglicher Konkurrenz mit der jeweils heimischen Tier- und Pflanzenwelt oder Schädigung derselben).
- Über den **allgemeinen** Artenschutz hinaus wurden bestimmte Tier- und Pflanzenarten einem **besonderen** Schutz unterstellt: für vom Aussterben bedrohte Arten gibt es z. B. generelle Besitz- und Vermarktungsverbote.

Zu II:

- Auf Empfehlung der UN-Umweltkonferenz 1972 in Stockholm wurde **1973** in Washington das „Übereinkommen über den internationalen Handel mit gefährdeten Arten freilebender Tiere und Pflanzen" (kurz **„Washingtoner Artenschutzabkommen"** genannt) unterzeichnet; auf englisch heißt das Übereinkommen „**C**onvention of **I**nternational **T**rade in **E**ndangered **S**pecies of Wild Flora and Fauna" (kurz **„CITES"** genannt). Das Washingtoner Artenschutzabkommen ist der erste internationale Vertrag, der weltweit einer ungezügelten Naturausbeutung entgegenwirken soll.
- In der **Bundesrepublik** trat das Washingtoner Artenschutzabkommen **1976** als Gesetz in Kraft. Seitdem unterliegt der Import bestimmter gefährdeter Tier- und Pflanzenarten Einschränkungen.
- **1982**: Einführung der für die **gesamte EG** geltenden Verordnung zur Anwendung des Washingtoner Artenschutzabkommen.
- **1983** erfolgte durch Verordnung die **Schaffung EG-einheitlicher Dokumente** (kurz **„Formularverordnung"** genannt). Die Verordnung legt fest, dass im innergemeinschaftlichen Transport besonders geschützter Exemplare der Nachweis des rechtmäßigen Besitzes mit sog. CITES-Bescheinigungen erbracht werden muss. Für die Erteilung von CITES-Bescheinigungen sind die Vollzugsbehörden der Bundesländer zuständig.
- **1987: Neufassung des Bundesnaturschutzgesetzes und Erlass einer neuen Bundesartenschutzverordnung**; sie hat seit 1.1.1988 einen Anhang für Verkaufsverbot / Vermarktungsverbot bestimmter Arten und der aus ihnen hergestellten Produkte (z. B. Lederwaren).
- Verstöße gegen das Artenschutzrecht sind **seit 1987 nicht mehr nur als Ordnungswidrigkeiten**, sondern u. U. auch **strafrechtlich** verfolgbar, wenn sie gewerbsmäßig begangen werden.
- Die Haltung besonders geschützter Wirbeltiere unterliegt teilweise einer Meldepflicht nach der Bundesartenschutzverordnung; der Handel mit ihnen bedarf einer vorherigen Genehmigung.
- Seit **1997** gibt es eine **neue EU-Artenschutzverordnung**, nach der der Handel mit geschützten Arten innerhalb der EU relativ frei gehandhabt wird. (Die CITES-Bescheinigungen haben dadurch stark an Bedeutung verloren.)

Zu III:

- Die Regelungen betreffs Artenschutz sind bisher durch **Negativlisten** geprägt; in ihnen sind die Arten aufgeführt, die einer Besitz- / Vermarktungseinschränkung unterliegen.
- Mitunter werden **Positivlisten** gefordert, d. h. Listen, die diejenigen Arten enthalten, die nachweislich ohne Bedenken der Natur entnommen werden können. Befürworter von Positivlisten übersehen, dass ein Verbot der Naturentnahme, der Haltung und des Handelns aller nicht auf der Liste aufgeführten Arten die Möglichkeit zur Erhaltung und Zucht gefährdeter Arten in menschlicher Obhut stark reduziert. Auch die Erforschung unbekannter Arten, die ja noch gar nicht auf einer Positivliste stehen können, würde damit unmöglich gemacht. (Die Zahl der Arten, die es in der Natur gar nicht mehr gibt, sondern nur noch in menschlicher Obhut, steigt derzeit von Jahr zu Jahr.)

Zu IV:

- Die von Naturschutzbehörden, Wissenschaftlern und ehrenamtlichen Mitarbeitern gemeinsam erstellten sog. **„Roten Listen"** werden immer wieder aktualisiert; sie enthalten Aufzählungen und Zahlenangaben über Vorkommen und Gefährdungsgrad heimischer Tier- und Pflanzenarten. Es gibt Bundes- und Länderlisten.
- Die Roten Listen unterscheiden folgende **Gefährdungsstufen**:
  0 = ausgestorben, ausgerottet oder verschollen,
  1 = vom Aussterben bedroht,
  2 = stark gefährdet,
  3 = gefährdet,
  4 = potenziell gefährdet.
  Anmerkung: Mitunter werden anstelle von Gefährdungsstufe 4 folgende Kategorien angegeben:
  G = Gefährdung anzunehmen, R = extrem selten, V = Vorwarnliste; insofern geht man hier leider uneinheitlich vor.
- Die Roten Listen haben **keine Gesetzeskraft**.

Verschlungene Wege
– ein Umwelt-Parcours –

Trage die gesuchten Begriffe **der Reihe nach von A bis Z** in den Umwelt-Parcours ein und beachte dabei: Ä = AE, Ö = OE. In den pfeilförmigen Feldern stehen bereits die Anfangsbuchstaben der Antworten; auch die Buchstaben an den Kreuzungen sind schon eingetragen und erleichtern dir das Beantworten der Fragen, so dass du sicher gut vorankommst.
Zwischen Start und Ziel befinden sich zahlreiche nummerierte Felder. Aus den betreffenden Buchstaben entsteht, wenn du sie wie angegeben aneinander reihst, als **Lösung des Rätsels** ein **„Umweltmotto“**. Wie heißt es?

A : schädliches Gasgemisch, mitverantwortlich für den Sommersmog besonders in Ballungsgebieten

B : mögliche Folge ungebremsten Abholzens von Wäldern

C : Mikroorganismen, zeigen mit Fäkalien verunreinigtes Wasser an

D : Name des Gesetzes über die Abbaubarkeit von Waschmitteln, trat in der Bundesrepublik Deutschland bereits 1961 in Kraft (seit 1987 gilt bei uns das mehrfach überarbeitete und ergänzte Gesetz über die Umweltverträglichkeit von Wasch- und Reinigungsmitteln)

E : fossiler Brennstoff, kann Gewässer und Küsten verseuchen und zu einer Ölpest führen

F : Gruppe organischer Verbindungen mit schädigender Wirkung auf die Ozonschicht, Abkürzung FCKW, Hauptquelle des stratosphärischen Chlorgehalts, Produktion und Verbrauch seit 1989 (nach Inkrafttreten entsprechender Vorschriften) bereits deutlich zurückgegangen

G : ausgedehnter unterirdischer Wasservorrat, aus dem rund 75 % unseres Trinkwassers gewonnen werden

H : fruchtbare Bodenschicht aus toter Biomasse

I : allgemeine Bezeichnung für (schädliche) Einwirkungen auf die Umwelt

J : kreisförmige Muster im Querschnitt von Baumstämmen, geben Auskunft über das Alter der Bäume und die Bedingungen während der Wachstumsperiode

K : gasförmiges Verbrennungsprodukt fossiler Brennstoffe, trägt wesentlich zum Treibhauseffekt bei

L : Bezeichnung für die Beeinträchtigung durch laute Maschinen, Pressluftbohrer, Straßenverkehr usw.

M : moderne landwirtschaftliche Anbauweise, geht leider stets mit dem Verlust wertvoller Lebensräume für zahlreiche Pflanzen- und Tierarten einher

N : Nahrungsbeziehung zwischen einer Reihe verschiedenartiger Lebewesen

O : besonders im jeweiligen Winter und frühen Frühjahr in 20 - 25 km Höhe über der Antarktis bzw. Arktis auftretende, gefährliche Schädigung der Atmosphäre

P : Maßnahmen unterschiedlicher Art (meist kombinierte Verfahren) zur Erntesicherung

Q : giftiges Schwermetall

R : der äußerst artenreiche, immergrüne Wald der Tropen

S : bei Glatteisgefahr auf die Straßen aufgebrachtes Material, schädigt die umliegende Vegetation

T : wichtige kommunale Aufgabe

U : mögliche Folge von Sauerstoffmangel in Gewässern

V : großenteils verbotenes Einbringen von Schadstoffen per Schiff ins Meer

W : Fachausdruck für die Schädigung des Waldes durch Schadstoffe und andere negativ wirkende Umweltfaktoren

Z : Zerstörung des Landschaftsbildes durch das Errichten von Bauwerken außerhalb geschlossener Ortschaften, besonders in Urlaubsgebieten sehr verbreitet

Aus: Neue Rätsel im Biologieunterricht, Aulis Verlag Deubner & Co KG, Köln, 2000

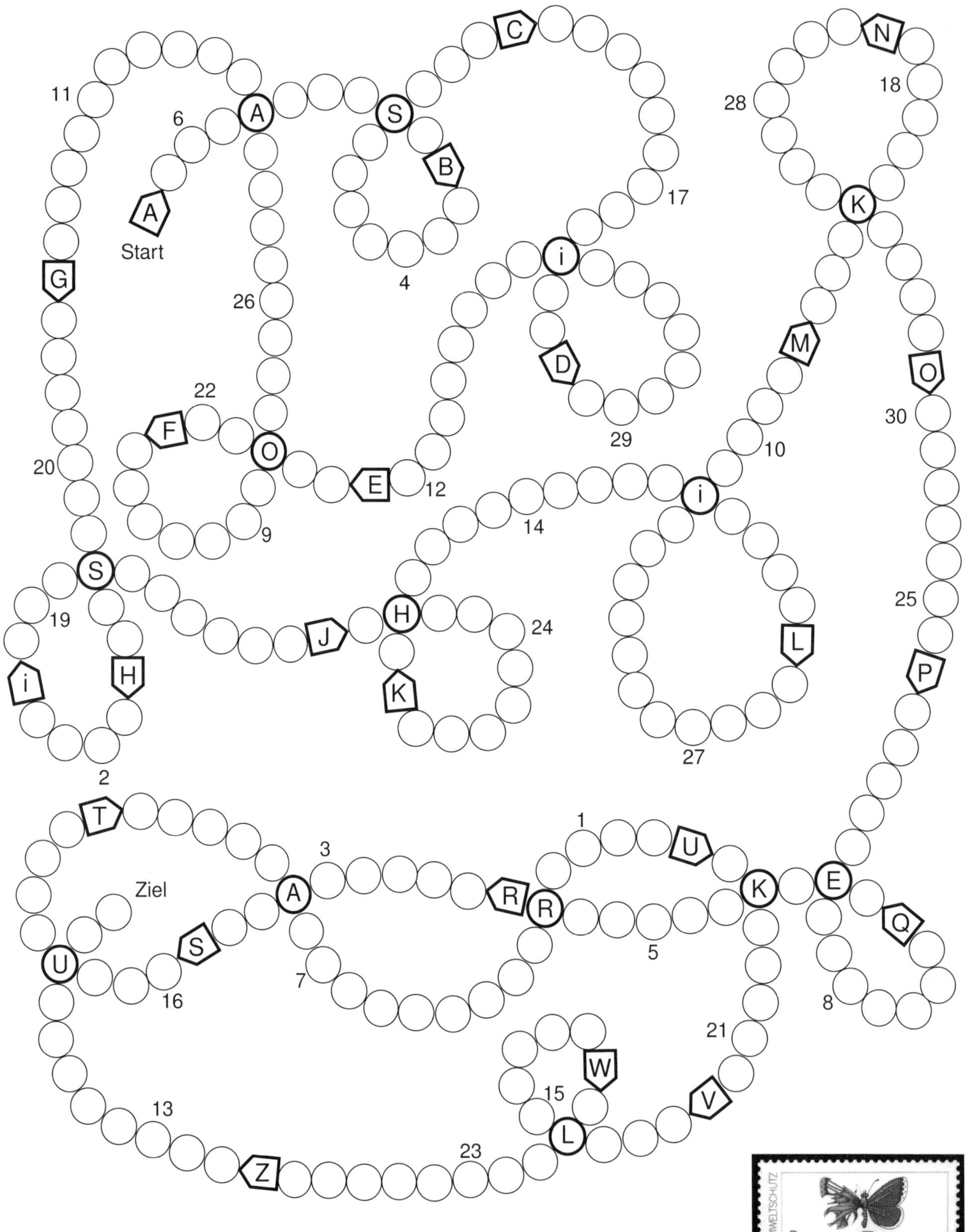

Das Motto heißt:

1 2 3 4 5 6 7 8 9 10 11 12

13 14 15 16 17 18 19 20 21 22 23 24 25 26 27 28 29 30

Aus: Neue Rätsel im Biologieunterricht, Aulis Verlag Deubner & Co KG, Köln, 2000

Lösung zu Rätsel 30:

Autoabgase, **B**odenerosion, **C**olibakterien, **D**etergenziengesetz, **E**rdoel, **F**luorchlorkohlenwasserstoffe, **G**rundwasser, **H**umus, **I**mmissionen, **J**ahresringe, **K**ohlenstoffdioxid, **L**aermbelaestigung, **M**onokultur, **N**ahrungskette, **O**zonloch, **P**flanzenschutz, **Q**uecksilber, **R**egenwald, **S**treusalz, **T**rinkwasserversorgung, **U**mkippen, **V**erklappen, **W**aldsterben, **Z**ersiedelung

Das Motto heißt: UMWELTSCHUTZ STATT UMWELTSCHMUTZ

Klassenstufe: Sekundarstufe II
Schwierigkeitsgrad: * bis **
Benötigte Zeit: 15 Minuten

Weitere Hinweise:

Der Umwelt-Parcours ist ein Rätsel mit **Übersichtscharakter**. Das Rätsel führt den Schülern das **breite Spektrum** des facettenreichen Themas „Umwelt" vor Augen; Ausmaß und Komplexität der weit über das Fach Biologie hinausgehenden Umweltproblematik werden deutlich. Manche Fragen lassen sich bereits mit dem altersüblichen Allgemeinwissen beantworten. Spezielle Fachkenntnisse sind zum erfolgreichen Bearbeiten des Rätsels nicht erforderlich, da keine Details erfragt werden. Das Rätsel ist damit **als Einstieg** in ein entsprechendes Kursthema geeignet.

Die angeschnittenen Gesichtspunkte lassen eine Vielzahl von **Fragestellungen fachlicher Art** aufkommen, denen es anschließend im Kursunterricht nachzugehen gilt. Fast zwangsläufig schließt sich an das Lösungsmotto aber auch die Frage an, was global, national, regional, kommunal, von der Schule, der Klasse, von jeder einzelnen Person, insbesondere jedem Schüler, künftig **getan oder unterlassen** werden müsste / könnte, um einen angemessenen (und auch durchführbaren) Beitrag zum Umweltschutz zu leisten. So kann das Rätsel **Denkanstöße** sowohl in theoretischer wie in praxisorientierter Hinsicht geben.

Auch in **10. Klassen**, in denen das Thema Umwelt / Umweltschutz vermutlich nur exemplarisch an einigen wenigen Beispielen behandelt wurde, lässt sich das Rätsel eventuell bereits verwenden – dort allerdings, um das Thema **abzuschließen** und zugleich etwas umfassender darzustellen.

Der Lehrer kann sich leicht **ein zweites „Rätsel-ABC" zum gleichen Thema**, vielleicht mit einem anderen Schwierigkeitsgrad oder einer bestimmten Schwerpunktbildung, herstellen; er wählt dazu die deutlich einfachere Konstruktionart der Rätselalphabete Nr. 19, Nr. 20 und Nr. 21. Dafür werden im Folgenden Vorschläge unterbreitet, aus denen er die für sein Vorhaben geeigneten Begriffe, auch eventuell ein Lösungswort (das möglichst viele Buchstaben haben sollte) auswählen kann.

A – Abwasser, Abholzung, Arterhaltung, Abfallwirtschaft, Auenlandschaft
B – Biosphäre, Biotop, Brandrodung, Braunkohle, Brutbereich, Brauchwasser
C – Chemikalien(gesetz), Chlorose
D – Deponie, Düngemittel, Dezibel
E – Emissionen, Energie(sparprogramm), Eutrophierung
F – Faulschlamm, Fäkalien, Flächenstilllegung, Fruchtfolge, Flechten
G – Gülle, Gewässergüte(klassen), Grenzwerte
H – Hecken, Herbizide, Handelsdünger, Hausmüll
I – Insektizide, Isolierglas
J – Jute
K – Kläranlage, Kompostierung, Kernkraftwerk, Klima, Kunststoffe
L – Landschaftsschutz, Luftverschmutzung, Lärmschutz, Lösungsmittel, Lebensmittelgesetz
M – Müllverbrennung, Mineraldünger
N – Naturschutz(gebiet), Nationalpark, Nitrate
O – Ökosystem, Ozon(schicht), Ölpest, Oberflächenwasser
P – Population, Phosphate
Q – Quellwasser
R – Rauchgasentschwefelung, Recycling, Regenwasser, Radioaktivität
S – Schädlingsbekämpfung, Schwermetalle, Sondermüll, (Sommer)smog, Sonnenenergie
T – Treibhausgase, Toxikologie, Tropenholz, Torf, Tierschutz
U – Überdüngung, Unkrautbekämpfung, Umweltzeichen
V – Vorfluter, Verlandung, Versalzung, Volldünger, Vogelschutz
W – Wärmedämmung, Wasserhaushalt, Winterfütterung, Waschmittel, Wirtschaftsdünger
Z – Zeigerorganismen, Zeolithe, Zuckerrohr, Zisterne

Wir mikroskopieren

– eine Geheimschrift wird entschlüsselt –

Teil 1: DAS 

Die Namen dreier Gegenstände, die man beim Mikroskopieren benötigt, stehen hier in einer aus Pflanzen- und Tierbildern bestehenden Geheimschrift, die es zu entschlüsseln gilt. Schreibe den Klartext darunter, sobald du herausgefunden hast, welches Zeichen für welchen Buchstaben steht! Umlaute werden als 2 Buchstaben geschrieben. Deine Kenntnisse vom Mikroskop(ieren) helfen dir, den Code zu knacken.

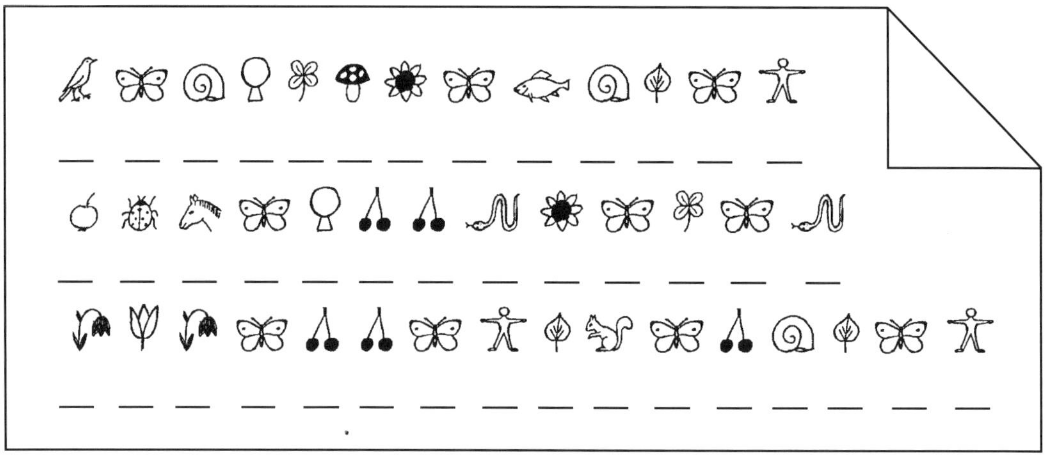

Der Code wird geknackt:

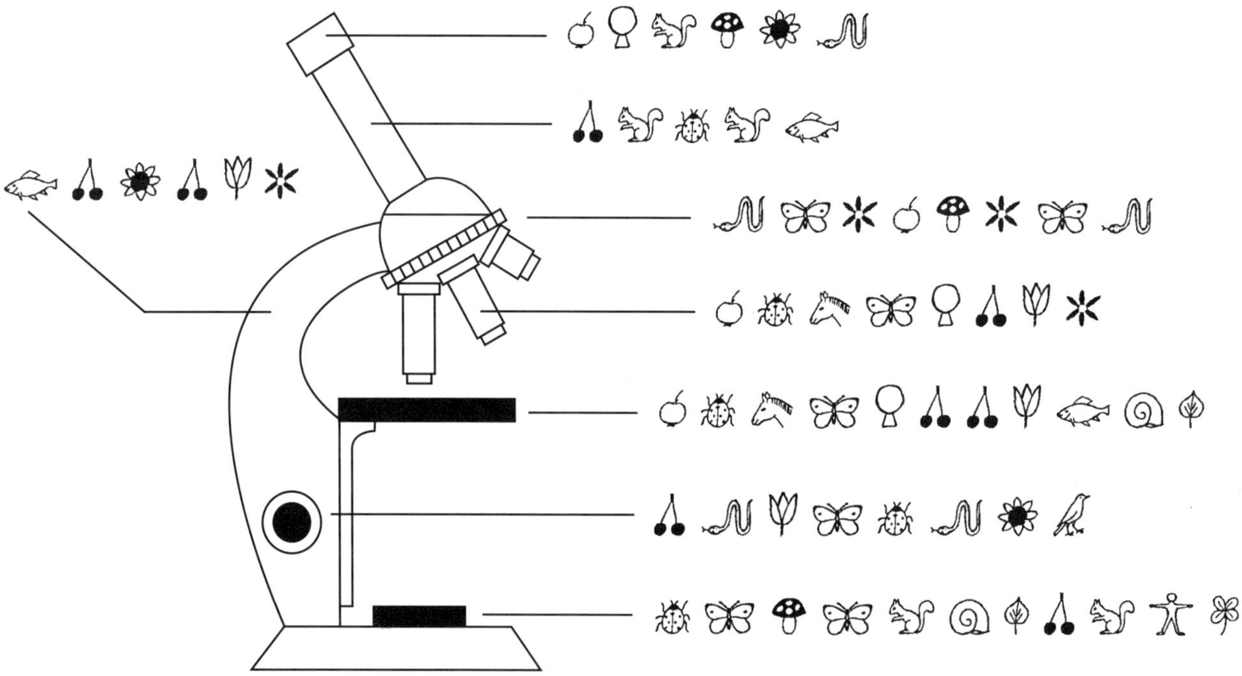

Zeichen: 

Buchstabe: —

Aus: Neue Rätsel im Biologieunterricht, Aulis Verlag Deubner & Co KG, Köln, 2000

Wir mikroskopieren
– eine Geheimschrift wird entschlüsselt –

Teil 2: DIE 

Der folgende Text soll entschlüsselt werden. Er enthält **eine wichtige biologische Aussage.** Schreibe den Klartext darunter, sobald du herausgefunden hast, welches Zeichen der aus Pflanzen- und Tierbildern bestehenden Geheimschrift für welchen Buchstaben steht! Deine Kenntnisse über den Bau von Zellen ermöglichen es dir, den Code zu knacken.

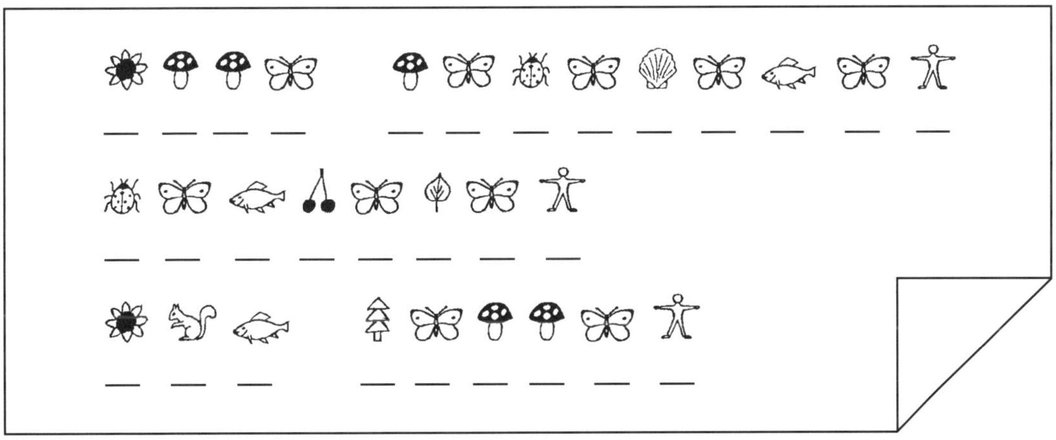

Der Code wird geknackt:

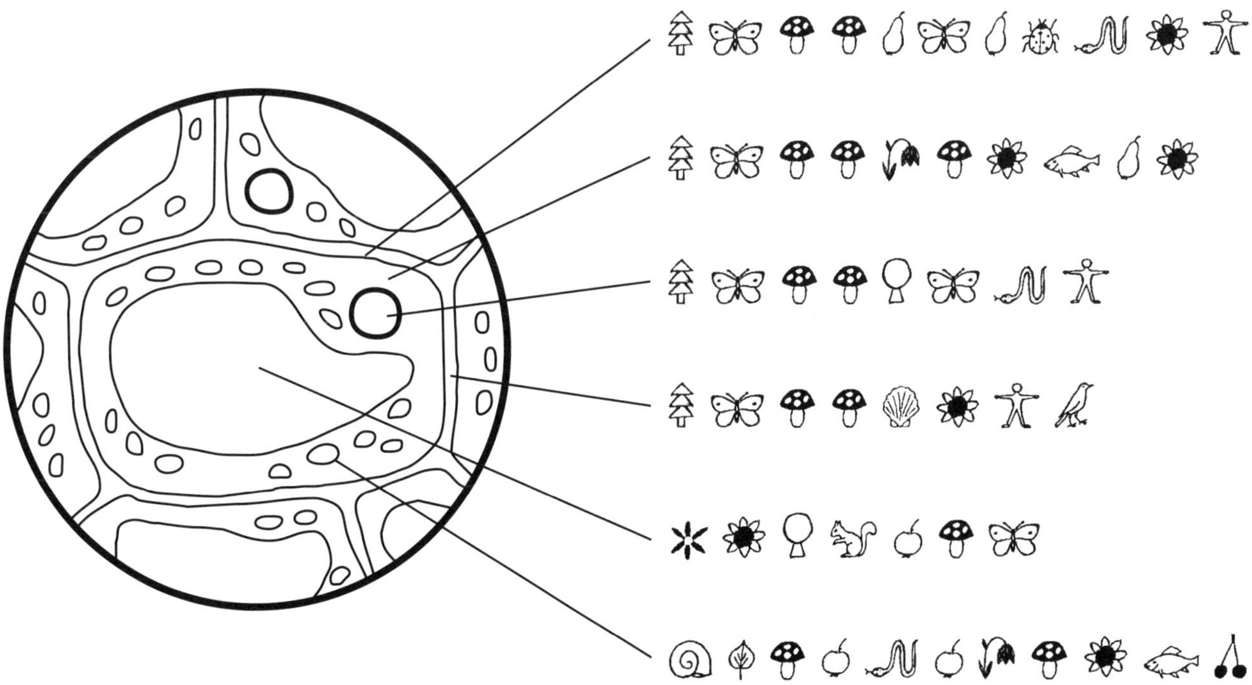

Zeichen: 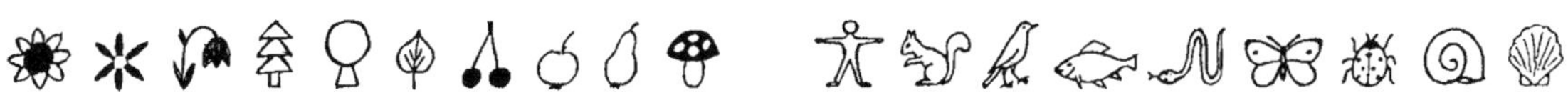

Buchstabe: _ _ _ _ _ _ _ _ _ _ _   _ _ _ _ _ _ _ _ _

31 Lehrerseite

Lösung zu Rätsel 31:

Teil 1: DAS MIKROSKOP
Okular – Tubus – Stativ – Revolver – Objektiv – Objekttisch – Triebrad – Beleuchtung
Die verschlüsselten Gegenstände sind: DECKGLAESCHEN, OBJEKTTRAEGER, PIPETTENHUETCHEN

Teil 2: DIE ZELLE
Zellmembran – Zellplasma – Zellkern – Zellwand – Vakuole – Chloroplast
Die verschlüsselte Aussage lautet im Klartext: ALLE LEBEWESEN BESTEHEN AUS ZELLEN

Klassenstufe:	5. - 6.
Schwierigkeitsgrad:	*
Benötigte Zeit:	pro Teil ca. 10 Minuten

Weitere Hinweise:

Geheimschriften **machen neugierig** und werden von 10- bis 12-jährigen Schülern gern entschlüsselt. Das zweiteilige Rätsel „Wir mikroskopieren" ermöglicht und bezweckt

- die **Wiederholung der wichtigsten Teile des Mikroskops**, mit deren Hilfe dann die Namen dreier beim Mikroskopieren benötigter Gegenstände entschlüsselt werden können, und
- die **Wiederholung der wichtigsten Bestandteile von (Pflanzen)zellen**, die das Entschlüsseln einer für (fast) alle Lebewesen geltenden Aussage zum Ziel hat.

Beide Rätselteile ergänzen sich zu **einem Ganzen**, können aber **auch unabhängig voneinander** in den Unterricht mit einbezogen werden – Teil 1 bereits in der Frühphase eines Einführungslehrgangs in die Mikroskopie, Teil 2 erst deutlich später; das Ergebnis von Teil 2 lässt sich anschließend erweitern und verfeinern. Teilt man das Rätsel aus, um die Unterrichtsreihe über das Mikroskopieren **abzuschließen** und lässt es zu diesem Zweck in der Stunde selbst lösen, arbeitet man aus Zeitgründen am besten gruppenteilig, indem pro Klassenhälfte nur jeweils Teil 1 *oder* Teil 2 gelöst wird; als abschließende Hausaufgabe wird man das Rätsel als Ganzes aufgeben.

An **Einzelheiten** ist zu beachten:

- Wer bei **Teil 1** statt Beleuchtung Lichtquelle eintragen will, wird aufgrund bereits zuvor entschlüsselter Buchstaben schnell bemerken, dass dieser Ausdruck nicht passt, außerdem kommen gegen Ende des Wortes nicht zwei gleiche Symbole direkt hintereinander vor.
- Das Symbol für P (schwarze Glockenblume), welches im 3. Lösungswort von **Teil 1** enthalten ist, kommt bei den Mikroskopteilen nicht vor, kann jedoch aus der Überschrift erschlossen werden.
- Bei **Teil 2** ist zu berücksichtigen, dass die Schüler statt Vakuole evtl. den Begriff Zellsaftraum kennen gelernt haben und statt von Chloroplast von Blattgrünkörnchen sprechen; das führt jedoch kaum zu Schwierigkeiten, denn die fehlenden Buchstaben können „erraten" werden, die Fachausdrücke werden bei dieser Gelegenheit eingeführt.
- Die meisten Buchstaben(symbole) kommen **in beiden Rätselteilen** vor, aber nie das vollständige Alphabet. Unten auf den Schülerseiten sind die betreffenden Symbole jeweils nach Pflanzen- und Tiermotiven sortiert, um den Schülern das Eintragen des Schlüssels schneller zu ermöglichen.

Der Vollständigkeit halber werden im Folgenden auch für die nicht im Rätsel enthaltenen Buchstaben (*) Pflanzen- bzw. Tiermotive angegeben, so dass der Lehrer auf ein komplettes Alphabet zurückgreifen kann, wenn er für seine Schüler selbst ein Rätsel in dieser Geheimschrift entwickeln möchte. Für die Umlaute sind keine eigenen Symbole vorgesehen; sie werden als AE, OE, UE dargestellt. (Eine Geheimschrift aus dem Computer sollte man nicht wählen, denn es gibt stets Schüler, die sie zu Hause dann entschlüsseln und so den gewünschten Lerneffekt umgehen.)

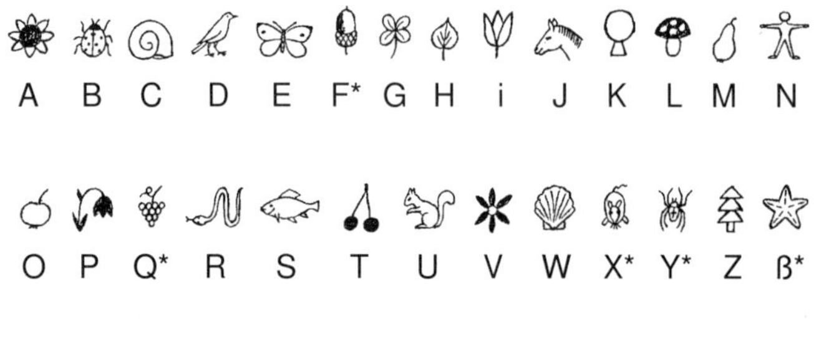

Im Innern der Zelle
– ein Kammrätsel zum Zellstoffwechsel –

Wenn Ihnen die wichtigsten Fachausdrücke und biochemischen Zusammenhänge aus den vorangegangenen Unterrichtsstunden bekannt sind, fällt Ihnen das Lösen des Rätsels sicher nicht schwer. Sobald waagrecht alle Antworten eingetragen sind (Ä = AE, Ü = UE), können Sie **senkrecht** in der eingerahmten Spalte als **Lösungswort** den Namen einer **Struktur** ablesen, **die das gesamte Zellplasma durchzieht**. Welche Funktionen hat diese Struktur?

1. Notlösungen von Zellen, um bei Sauerstoffmangel den Glucoseabbau aufrecht zu erhalten und den damit verbundenen Energiegewinn zu gewährleisten
2. universeller Energiespeicher und Energieüberträger der Zellen
3. die Hauptbestandteile aller Zellmembranen
4. die Zellorganellen der Pflanzen, innerhalb derer die Fotosynthese stattfindet
5. Veresterung einer Substanz mit Phosphorsäure, wobei durch Energieübertragung energiereichere, reaktionsbereite Verbindungen entstehen
6. chemische Bezeichnung für die Stoffgruppe der Fette
7. Fachausdruck für den Abbau organischer Substanzen zwecks Energiegewinnung
8. der erste Abschnitt des aeroben wie des anaeroben Glucoseabbaus
9. Multienzymkomplexe, in denen die Eiweißbiosynthese stattfindet
10. Zwischenprodukt des aeroben und anaeroben Glucoseabbaus, einfachste Ketosäure
11. Name der Salze von Nr. 10
12. Fachausdruck für die Abspaltung von Kohlenstoffdioxid aus einem Molekül
13. der auf Nr. 8 folgende Abschnitt des Glucoseabbaus bei Aerobiern
14. Zellorganellen, in denen der oxidative Stoffabbau stattfindet
15. Aufbau energiereicher Verbindungen aus Kohlenstoffdioxid und Wasser, wobei die Energie aus der Oxidation anorganischer Stoffe (z. B. H_2S oder Fe^{2+}) stammt
16. der in mehreren Stufen vor sich gehende, schrittweise Abbau von Fettsäuren
17. die Primärstruktur von Proteinen
18. Bezeichnung für die Weitergabe von Elektronen innerhalb eines Systems biochemischer Redoxreaktionen
19. Polysaccharid, tierischer Energiespeicher
20. wasserlösliches, stickstoffhaltiges Ausscheidungprodukt der Säugetiere
21. Gruppe stickstoffhaltiger Salze, die von Pflanzenzellen zum Aufbau von Aminosäuren genutzt werden können
22. der auf Nr. 13 folgende, letzte Abschnitt der aeroben Dissimilation
23. Polynucleotide, die (bei fast allen Lebewesen) die genetischen Informationen enthalten
24. Endprodukt des anaeroben Glucoseabbaus im Muskel
25. Rolle von $NADP^+$, NAD^+ und FAD im Rahmen des Zellstoffwechsels
26. Umwandlung einer Aminosäure in eine andere durch Übertragung der Aminogruppe einer Aminosäure auf eine Ketosäure

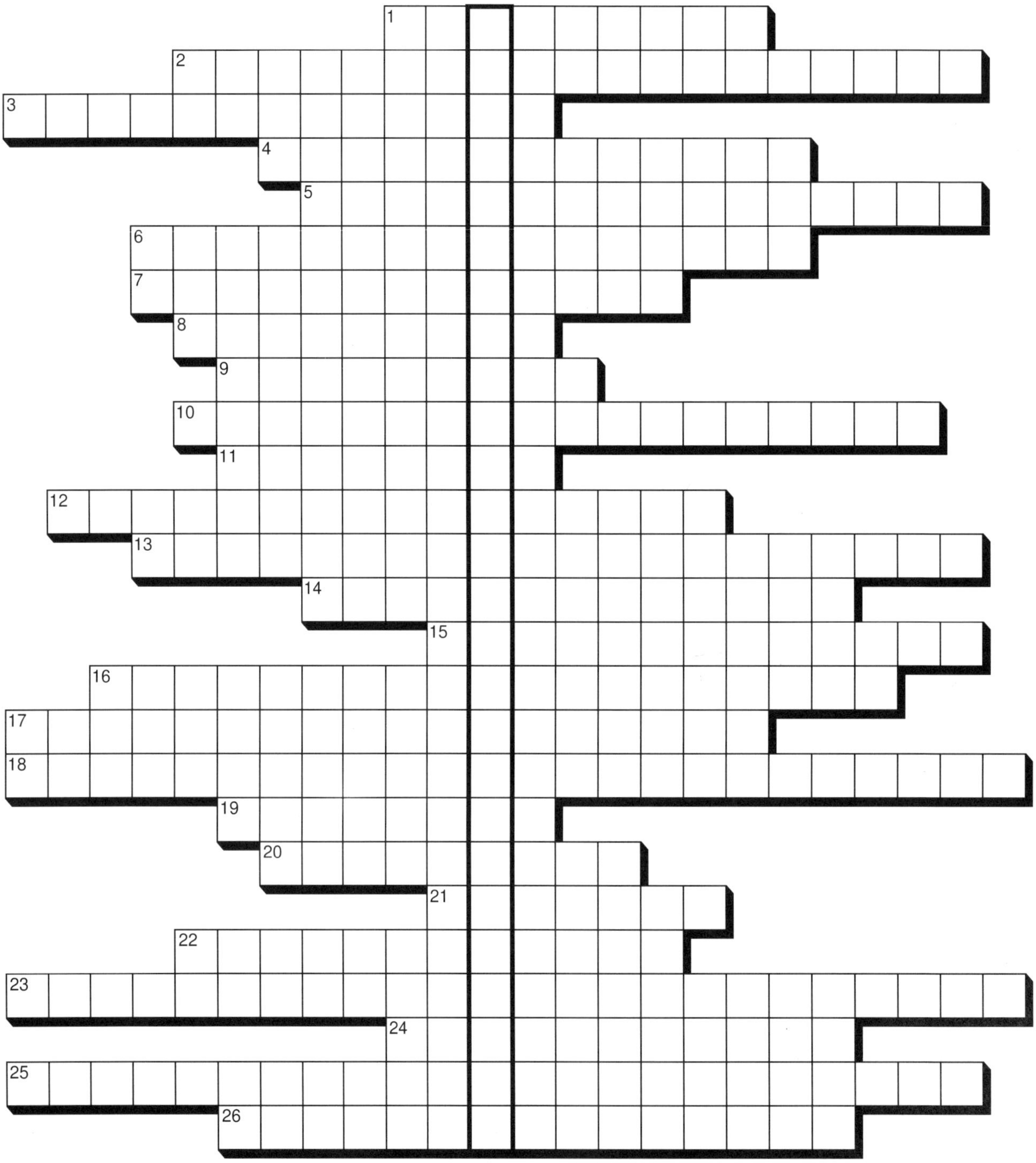

Lösungswort: ______________________________

Funktionen: I. ______________ II. ______________ III. ______________

Aus: Neue Rätsel im Biologieunterricht, Aulis Verlag Deubner & Co KG, Köln, 2000

Lösung zu Rätsel 32:

1. Gaerungen, 2. Adenosintriphosphat, 3. Phospholipide, 4. Chloroplasten, 5. Phosphorylierung, 6. Triacylglyceride, 7. Dissimilation, 8. Glykolyse, 9. Ribosomen, 10. Brenztraubensaeure, 11. Pyruvate, 12. Decarboxylierung, 13. Citronensaeurecyclus, 14. Mitochondrien, 15. Chemosynthese, 16. Fettsaeureoxidation, 17. Aminosaeuresequenz, 18. Elektronentransportkette, 19. Glykogen, 20. Harnstoff, 21. Nitrate, 22. Atmungskette, 23. Desoxyribonucleinsaeuren, 24. Milchsaeure, 25. Wasserstoffuebertraeger, 26. Transaminierung

Lösungswort: ENDOPLASMATISCHES RETIKULUM

Funktionen: I. Abgrenzung von Reaktionsräumen II. Träger von Ribosomen III. Transport von Proteinen

Klassenstufe: Sekundarstufe II
Schwierigkeitsgrad: **
Benötigte Zeit: 15 Minuten

Weitere Hinweise:

Das Rätsel dient der **stichpunktartigen Wiederholung** eines Themas mit stark theoretischer Komponente, das von Schülern oft als trocken und auch schwer empfunden wird. Eine aufgelockerte Form der Stoffwiederholung kommt ihnen insofern entgegen. Die Beantwortung der Fragen Nr. 6, 15 und 26 gelingt nicht immer ohne Hilfe.

Die folgenden Tabellen können den Schülern am Beispiel von Escherichia coli die Komplexität der **Zellinhaltsstoffe** und die Vielfalt der in einer Zelle gleichzeitig ablaufenden **anabolischen Stoffwechselvorgänge** vor Augen führen (die zur Energielieferung notwendigen katabolischen Reaktionen sind nicht berücksichtigt).

Tabelle 1: Der Molekülbestand einer Zelle von E. coli (Volumen: $1{,}2 \cdot 10^{-10}$ ml)

Stoffe	Gewichtsprozente	Anzahl der Molekülarten
Wasser	70 %	1
Proteine	15 %	> 2000
DNA	1 %	1
RNA	6 %	> 2000
Kohlenhydrate	3 %	ca. 50
Lipide	2 %	ca. 40
org. Verb. mit kleinen Molekülen	2 %	ca. 500
anorgan. Verbindungen	1 %	12

Tabelle 2: Die biosynthetische Leistung von E. coli für die Bildung von Makromolekülen aus den Monomeren (Trockengewicht einer Zelle: $2{,}5 \cdot 10^{-13}$ g)

Stoffe	Prozent der Trockenmasse	ungefähre Molekülmasse	Zahl der Moleküle pro Zelle	Molekülsynthesen/Sek.	Bedarf an ATP-Molekülen/Sek.
Proteine	70 %	60 000 u	1,7 Mio.	1 400	2,12 Mio.
DNA	5 %	2 Mrd. u	4	0,0033	60 000
RNA	10 %	1 Mio. u	15 000	12,5	75 000
Polysaccharide	5 %	200 000 u	39 000	32,5	65 000
Lipide	10 %	1 000 u	15 Mio.	12 500	87 500

Alle Werte aus: *Czihak, G.* u. a.: Biologie, Springer-Verlag, Heidelberg 1976.

2 x rund um das Salz

– zwei Rätselfiguren –

Ergänze die folgenden 20 Sätze durch **passende Begriffe** zu sinnvollen Aussagen und trage die gefundenen Begriffe, die alle **mit „SALZ“ beginnen** (Nr. 1 - 10 / Figur 1) oder **auf „SALZ“ enden** (Nr. 11 - 20 / Figur II), unter Berücksichtigung der Pfeilrichtung in die beiden Figuren ein (Ä = AE, Ö = OE, ß = SS)!
Das **Lösungswort**, das natürlich auch **mit „SALZ“ zu tun** hat, erhältst du, wenn du die eingerahmten Buchstaben wie angegeben aneinander reihst; es handelt sich um ein wichtiges großtechnisches **Verfahren zur Trinkwassergewinnung** in heißen und wasserarmen küstennahen Gegenden aller Kontinente.

Figur I:

1. Der SALZ... des menschlichen Bluts beträgt 0,9 %.
2. Bereits im Mittelalter gab es in Europa als berühmte Handelswege die SALZ... .
3. Salzlagerstätten und Meerwasser liefern die Rohstoffe für die SALZ... .
4. Das Empfinden von SALZ... tritt nur bei Pflanzen fressenden Tieren auf, z. B. bei Schaf, Ziege und Reh, nicht jedoch bei Fleisch fressenden.
5. Eine zu hohe SALZ... belastet unseren Kreislauf und die Nieren.
6. Eine konzentrierte SALZ... wird auch Sole genannt.
7. An Straßenrändern zeigen zahlreiche Pflanzen SALZ... .
8. Typische SALZ... können sich entlang von Fernstraßen bis ins Binnenland verbreiten.
9. Die SALZ... von Gerste ist höher als die anderer Getreidearten.
10. In den Niederungen vieler Trockengebiete gibt es ausgedehnte SALZ... .

Figur II:

11. Der Mensch benötigt täglich 2 - 3 g ...SALZ.
12. Ein iodhaltiges ...SALZ beugt Schilddrüsenerkrankungen vor.
13. Kochsalz ist das ...SALZ der Salzsäure und heißt mit chemischem Namen Natriumchlorid.
14. Im ...SALZ sind neben ca. 78 % Natriumchlorid noch zahlreiche andere Salze enthalten.
15. ...SALZ dient der Haltbarmachung mancher Fleisch- und Wurstwaren.
16. Ein Gemisch, das geeignete Verbindungen der Elemente Stickstoff, Phosphor und Kalium enthält, kann als ...SALZ für Pflanzen benutzt werden.
17. Kaliumchlorid, das früher als ...SALZ ungenutzt blieb, hat heute als Rohstoff für die Herstellung von Düngemitteln große Bedeutung.
18. Kalk, ein ...SALZ der Kohlensäure, ist der Hauptbestandteil von Eierschalen, Muschelschalen, Schneckengehäusen und Korallen.
19. ...SALZ unterliegt keiner Versteuerung, da es für den menschlichen Genuss unbrauchbar gemacht wurde.
20. Das in mächtigen Schichten oder in Form von Salzstöcken in der Erde vorkommende Natriumchlorid wird wegen seiner Herkunft auch ...SALZ genannt.

 Aus: Neue Rätsel im Biologieunterricht, Aulis Verlag Deubner & Co KG, Köln, 2000

I

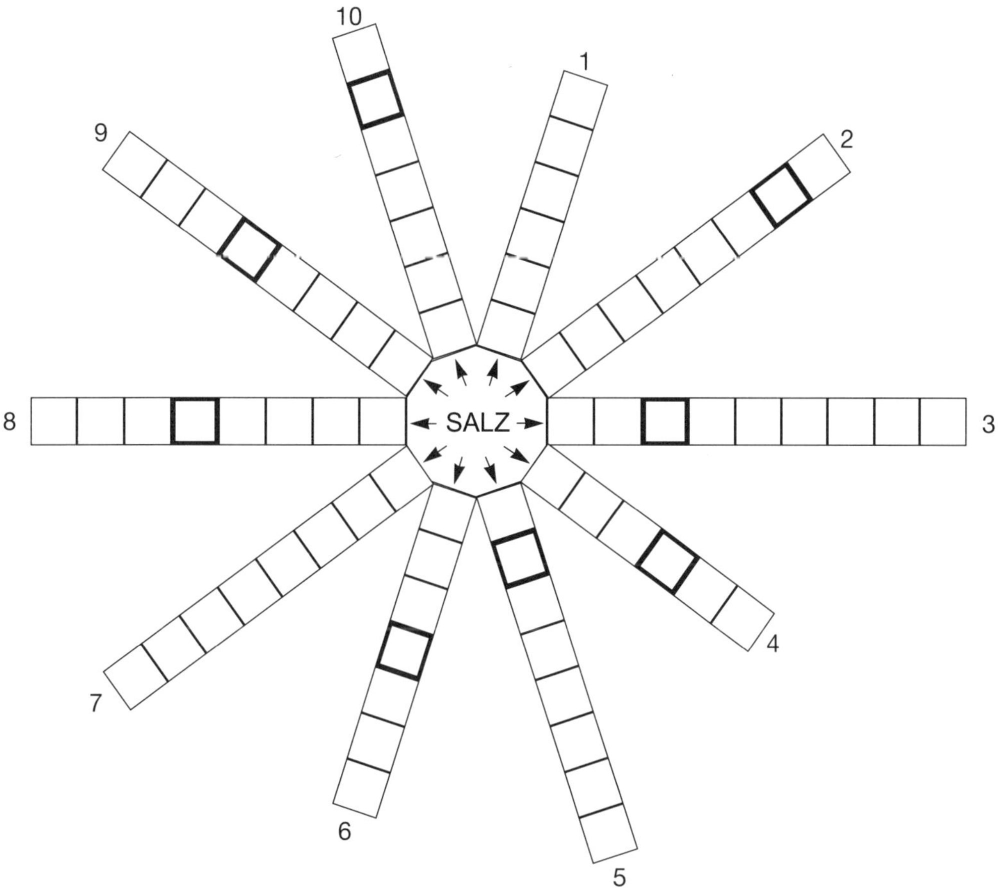

II

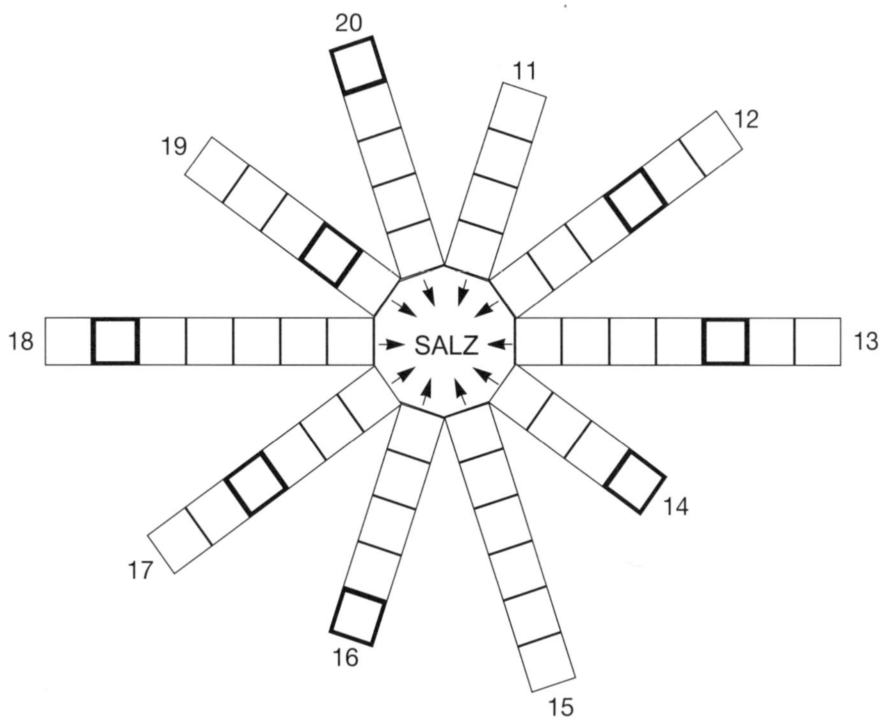

Lösungswort:

													S	A	L	Z			
14	12	19	9	3	18	20	6	10	17	2	8	13					5	16	4

Aus: Neue Rätsel im Biologieunterricht, Aulis Verlag Deubner & Co KG, Köln, 2000

Lehrerseite

Lösung zu Rätsel 33:

Figur I:
1. **SALZ**gehalt, 2. -strassen, 3. -gewinnung, 4. -hunger, 5. -aufnahme, 6. -loesung, 7. -schaeden, 8. -pflanzen, 9. -toleranz, 10. -pfannen

Figur II:
11. Koch**SALZ**, 12. Speise-, 13. Natrium-, 14. Meer-, 15. Poekel-, 16. Naehr-, 17. Abraum-, 18. Calcium-, 19. Streu-, 20. Stein-

Lösungswort: MEERWASSERENT**SALZ**UNG

Klassenstufe: 8. - 10.
Schwierigkeitsgrad: **
Benötigte Zeit: 10 - 15 Minuten

Weitere Hinweise:

Das Thema „Salz" ist ein **facettenreiches Gebiet**, das sich hervorragend auch zu **fächerübergreifendem Unterricht** eignet, sobald fachlicherseits die Grundlagen hierzu geschaffen sind.

Die zu vervollständigenden Sätze **biologischen Inhaltes** beziehen sich mehrheitlich auf Fragen zum **Stoffwechsel**; hier fügt sich das Rätsel am besten in den Biologieunterricht ein und zwar bei der Menschenkunde oder der Pflanzenkunde. Neben Stoffwechselvorgängen werden aber auch andere biologische Aspekte angesprochen.

Rund ein Viertel der zu vervollständigenden Formulierungen **geht über biologische Zusammenhänge hinaus** und lenkt so den Blick der Schüler auf andere zum Themenkomplex „Salz" gehörende Gesichtspunkte – auf solche chemischer, geologischer, (kultur)geographischer, auch wirtschaftlicher Art. Da die zu ergänzenden Aussagen verhältnismäßig allgemein gehalten sind, lässt sich das Rätsel auch mit Erfolg von fremden Schülern in **Vertretungsstunden** bearbeiten, zumal der Lehrer je nach Kenntnisstand und Interessenlage der Schüler an jede der 20 Aussagen anknüpfen kann.

An **Einzelheiten** ist zu beachten:

- Bei Nr. 4 tragen die Schüler mitunter „-mangel" statt „-hunger" ein, was zwar auch den für das Lösungswort erforderlichen Buchstaben „G" liefert, aber streng genommen als exakte Formulierung nicht in den Satz passt.
- Schüler der 8. Klassen werden evtl. die Antwort zu Nr. 13 nur erraten, zu Nr. 18 gar nicht allein finden, weil der Chemieunterricht noch nicht so weit fortgeschritten ist.
- Bei Nr. 18 stört die allgemeinsprachliche Schreibweise „Kalzium-" nicht, da beide Schreibweisen das erforderliche „A" liefern.

E i n Fach – v i e l e Richtungen

– ein Kammrätsel zur Geschichte der Biologie –

Hier geht es um besonders bedeutende **Forscher aus dem Bereich der Biologie** im weitesten Sinne.
Sind die Namen der Wissenschaftler gefunden und eingetragen, so ergeben sich senkrecht **als Lösungsworte drei Forschungsrichtungen der Biologie**, die miteinander (und mit zahlreichen weiteren Forschungsrichtungen) in Zusammenhang stehen.
Die Schreibweise von Umlauten richtet sich nach der Schreibweise des jeweiligen Eigennamens.

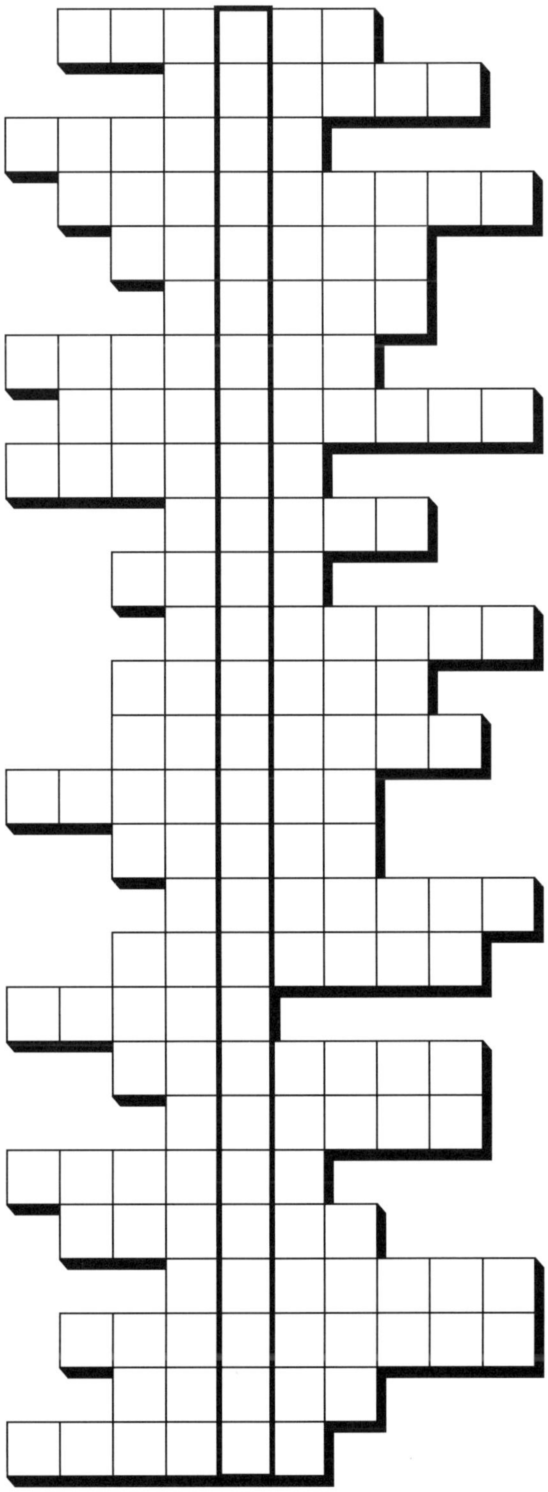

1.	1866 – 1945
2.	1822 – 1884
3.	1903 – 1989
4.	1903 – 1995
5.	* 1928
6.	1707 – 1778
7.	1834 – 1919
8.	1907 – 1988
9.	1809 – 1882
10.	* 1910
11.	1843 – 1910
12.	1854 – 1915
13.	1749 – 1832
14.	1744 – 1829
15.	1881 – 1955
16.	1900 – 1981
17.	1869 – 1941
18.	1854 – 1918
19.	1877 – 1955
20.	1822 – 1895
21.	1803 – 1873
22.	1849 – 1936
23.	1800 – 1882
24.	* 1914
25.	1898 – 1985
26.	* 1916
27.	1769 – 1832

1. Amerikanischer **Genetiker**, wurde vor allem durch seine Forschungen an der Obstfliege (Drosophila) bekannt; entwickelte die klassische Methode zur Genkartierung; 1933 **Nobelpreis** für Medizin.
2. Mönch und Lehrer für Naturgeschichte und Physik, Begründer der **klassischen Vererbungslehre**; wertete die Ergebnisse seiner Kreuzungsversuche an Erbsen mit statistischen Methoden aus. (Die Bedeutung seiner Erkenntnisse wurde zu seinen Lebzeiten nicht erkannt.)
3. Österreichischer **Verhaltensforscher**, schuf die Grundlagen zur Verhaltenslehre und baute sie zu einer selbständigen Disziplin aus; beschäftigte sich intensiv mit Rabenvögeln und Wildgänsen; 1973 **Nobelpreis** für Physiologie und Medizin, gemeinsam mit Nr. 8 und dem österreichischen Zoologen K. v. Frisch.
4. Deutscher **Biochemiker**, erhielt für die Isolierung und Strukturaufklärung der Geschlechtshormone 1939 den **Nobelpreis** für Chemie.
5. Amerikanischer **Molekulargenetiker**, klärte die Molekularstruktur der DNS auf; erhielt 1962 den **Nobelpreis** für Medizin, zusammen mit Nr. 26 und dem englischen Biophysiker M. Wilkins.
6. Schwedischer **Naturforscher**; führte die binäre Nomenklatur mit lateinischen oder latinisierten Namen ein (Gattungs- und Artname), nach deren Schema auch heute noch alle Tier- und Pflanzenarten benannt werden.
7. Der führende deutsche **Biologe und Naturphilosoph** seiner Zeit; vertrat in heftigen Kämpfen einen extremen Darwinismus in Deutschland; das sogenannte „biogenetische Grundgesetz" stammt von ihm.
8. Niederländischer **Verhaltensforscher**, Mitbegründer der Verhaltenslehre, besonders bekannt: seine Arbeiten mit Möwen und Stichlingen; 1973 **Nobelpreis** für Physiologie und Medizin, gemeinsam mit Nr. 3 und K. v. Frisch.
9. Britischer **Biologe**, Begründer der **allgemein anerkannten Evolutionstheorie**, die bei ihm auf den Begriffen der Variation und der Selektion beruht.
10. Französischer **physiologischer Chemiker**, entwickelte gemeinsam mit dem französischen Zellgenetiker F. Jacob ein Modell zur Steuerung der genetischen Aktivität bei Bakterien; beide und der französische Mikrobiologe A. Lwoff erhielten 1965 den **Nobelpreis** für Medizin.
11. Deutscher **Bakteriologe**, Hauptbegründer der modernen Bakteriologie, entwickelte Techniken zur Züchtung und Färbung von Bakterien, entdeckte viele Krankheitserreger (Tuberkulose, Cholera, Schlafkrankheit, Malaria); 1905 **Nobelpreis** für Medizin.
12. Deutscher **Serologe**, zeitweise Mitarbeiter von Nr. 11; erfand Färbeverfahren zum Nachweis von Bakterien (z. B. Tuberkulosebakterien), Herstellung hochwertiger Heilseren, Schöpfer der modernen Chemotherapie; 1908 **Nobelpreis** für Medizin.
13. **Berühmtester deutscher Dichter**, dessen **zahlreiche naturwissenschaftliche Arbeiten** nicht so bekannt sind; er suchte einen Grundbauplan der Samenpflanzen („Urpflanze"), und er entdeckte den Zwischenkieferknochen beim Menschen (dessen vermeintliches Fehlen beim Menschen bis dahin als typisches Unterscheidungsmerkmal zwischen Mensch und Affe galt).
14. Französischer **Naturforscher**, stellte **eine Evolutionstheorie** auf, die nur eine Arttransformation beschrieb, keine Abstammung; bekannt geworden ist seine Ansicht, dass „die Veränderung der Bedürfnisse, die Anstrengung der inneren Gefühle" die Veränderung der Arten hervorgerufen habe.
15. Britischer **Bakteriologe**, 1928 Entdeckung von Penicillin; 1945 **Nobelpreis** für Physiologie und Medizin, zusammen mit dem britischen Biochemiker Chain und dem britischen Pathologen Florey.
16. Nach Großbritannien emigrierter deutscher **Biochemiker**; Entdecker des Zitronensäurezyklus und zahlreicher weiterer physiologischer Prozesse; 1953 **Nobelpreis** für Medizin, zusammen mit dem deutsch-amerikanischen Mediziner und Biochemiker F. A. Lipmann.
17. Deutscher **Biologe**, erforschte die Keimesentwicklung von Amphibien mit seinen berühmten Schnür- und Transplantationsversuchen; 1935 **Nobelpreis** für Medizin.
18. Deutscher **Serologe**, zeitweise Mitarbeiter von Nr. 11, entdeckte 1890 das Diphtherie- und das Tetanusantitoxin; 1901 **Nobelpreis** für Medizin.
19. Kanadischer **Bakteriologe**, gilt als Mitbegründer der Immunologie; wies nach, dass die Erbsubstanz aus DNS besteht.
20. Französischer **Chemiker und Biologe**; erkannte die Mitwirkung von Mikroorganismen bei Gärung und Fäulnis, erkannte die keimtötende Wirkung der Hitze („pasteurisieren"); entwickelte Schutzimpfungen. z. B. gegen Tollwut.
21. Deutscher **Chemiker**, erkannte die Notwendigkeit der Mineraldüngung, stellte das sogenannte Minimumgesetz auf (der Ernteertrag richtet sich nach dem Nährstoff, an dem es am stärksten mangelt); entwickelte einen Fleischextrakt zur Ernährungsverbesserung der Bevölkerung.
22. Russischer **Physiologe**, bahnbrechende Arbeiten zur Verdauung, entdeckte dabei (bei Hunden) den bedingten Reflex; 1904 **Nobelpreis** für Medizin.
23. Deutscher **Chemiker**, stellte 1828 aus Ammoniumcyanat Harnstoff her und hob damit die Grenze zwischen anorganischer und organischer Chemie auf: Organische Moleküle können auch ohne Lebenskraft („vis vitalis") entstehen.
24. Amerikanischer **Agrarwissenschaftler**, züchtete den „mexikanischen Wunderweizen" und gilt als Mitbegründer der „grünen Revolution"; erhielt für seinen Beitrag zur Linderung des Hungers in den Entwicklungsländern 1970 den **Friedensnobelpreis**.
25. Deutscher **Botaniker und Pflanzenzüchter**, besonders bekannt: seine Züchtung der Süßlupine, beschäftigte sich auch intensiv mit der Züchtung von Erdbeeren und weiteren Nutzpflanzen sowie von Nutztieren.
26. Britischer **Molekulargenetiker und Physikochemiker**, Erforschung der Molekularstruktur der DNS: erhielt 1962 den **Nobelpreis** für Medizin gemeinsam mit Nr. 5 und M. Wilkins.
27. Führender **Biologe und Paläontologe** seiner Zeit, Franzose, Gegner von Nr. 14; erklärte die **Evolution** durch Aussterben der Tiere infolge großer Katastrophen, die neuen Faunen danach kommen aus weit entfernten Gegenden; die Arten sind bei ihm unveränderlich.

Aus: Neue Rätsel im Biologieunterricht, Aulis Verlag Deubner & Co KG, Köln, 2000

Lösung zu Rätsel 34:

Die Antworten (+ Vornamen) sind:

1. Mor**g**an, Thomas Hunt
2. M**e**ndel, Gregor
3. Lore**n**z, Konrad
4. Bute**n**andt, Adolf
5. Wa**t**son, James D.
6. L**i**nné, Carl v.
7. Haec**k**el, Ernst
8. Tin**b**ergen, Nikolaas
9. Darw**i**n, Charles
10. M**o**nod, Jacques
11. Ko**c**h, Robert
12. E**h**rlich, Paul
13. Go**e**the, Johann Wolfgang v.
14. La**m**arck, Jean Baptiste de
15. Flem**i**ng, Sir Alexander
16. Kr**e**bs, Sir Hans Adolf
17. S**p**emann, Hans
18. Be**h**ring, Emil v.
19. Aver**y**, Oswald Theodore
20. Pa**s**teur, Louis
21. L**i**ebig, Justus Freiherr v.
22. Paw**l**ow, Iwan P.
23. Wöh**l**er, Friedrich
24. B**o**rlaug, Norman Ernest
25. Sen**g**busch, Reinhold v.
26. Cr**i**ck, Francis H.
27. Cuvi**e**r, Georges

Nach Fachrichtungen (+ Geburtsjahr) sortiert erhält man:

Linné	1707 - 1778	
Goethe	1749 - 1832	
Lamarck	1744 - 1829	
Cuvier	1769 - 1832	Evolutions-
Darwin	1809 1882	theoretiker
Haeckel	1834 - 1919	
Mendel	1822 - 1884	
Morgan	1866 - 1945	
Spemann	1869 - 1941	
Avery	1877 - 1955	
Sengbusch	1898 - 1985	Genetiker
Monod	*1910	
Borlaug	*1914	
Crick	*1916	
Watson	*1928	
Wöhler	1800 - 1882	
Liebig	1803 - 1873	Chemiker,
Pasteur	1822 - 1895	Biochemiker
Krebs	1900 - 1981	
Butenandt	1903 - 1995	
Koch	1843 - 1910	
Pawlow	1849 - 1936	Physiologen,
Ehrlich	1854 - 1915	Bakteriologen
Behring	1854 - 1918	
Fleming	1881 - 1955	
Lorenz	1903 - 1989	Verhaltens-
Tinbergen	1907 - 1988	forscher

Lösungsworte: GENETIK – BIOCHEMIE – PHYSIOLOGIE

Klassenstufe: Sekundarstufe II (Jahrgang 12 + 13)
Schwierigkeitsgrad: ***
Benötigte Zeit: 40 Minuten

Weitere Hinweise:

Das Rätsel ist **sehr anspruchsvoll**, man sollte es frühestens gegen Ende von Jahrgangsstufe 12 einsetzen, besser erst in Jahrgang 13, wenn die Schüler über das nötige Vorwissen verfügen; einige Lücken werden dennoch bleiben (vermutlich bei Nr. 4, 8, 24, 25), für deren Schließen dann der Lehrer sorgt. Man kann das Rätsel als eine besondere Form der **Hausaufgabe** aufgeben, aber auch gut **im Unterricht** lösen lassen; evtl. lässt man es **in zwei Gruppen** bearbeiten, wenn man Zeit einsparen möchte, um anschließend mit den Schülern eine zumindest kurze **Auswertung** des Rätsels vorzunehmen:

Dazu werden die Forscher, soweit möglich, **nach Forschungsrichtungen / Forschungsschwerpunkten sortiert und innerhalb derselben nach Geburtsdaten** (s. oben, rechte Spalte) – einige Schüler suchen also die Genetiker heraus, andere die Evolutionstheoretiker, wieder andere die Verhaltensforscher usw. Auf diese Weise erhält man einen stichpunktartigen Einblick in die **Entwicklung der verschiedenen Bio-Wissenschaften**, mit dem der Biologieunterricht abgerundet (und sogar abgeschlossen) werden kann.

Fundstücke

– ein Streifzug durch die Bio-Kurse –

35 zweiteilige Fachausdrücke sollen richtig kombiniert werden. Verbinden Sie zu diesem Zweck die zusammengehörenden Teile der linken und rechten Spalte durch je eine Gerade von Punkt zu Punkt; dabei ist zu beachten, dass in einigen Fällen – zunächst – zwei Kombinationen möglich sind. Die von den 35 Geraden **nicht durchgestrichenen Buchstaben** des Mittelfeldes ergeben, von oben nach unten gelesen, als **Lösung** des Rätsels den ebenfalls zweiteiligen **Namen einer bekannten optischen Täuschung**.

Alkoholische •	R	• Aminosäuren
Anaerobe •	E U Z	• Antikörper
Chemische •	P	• Artenschutzabkommen
Cortisches •		• Code
Degenerierter •	C B	• Dissimilation
Endoplasmatisches •		• Druck
Essentielle •	H I F	• Endplatten
Eustachische •	N	• Felder
Genetischer •	A	• Fingerabdruck
Innere •	S	• Fossil
Integrierter •	M	• Gärung
Laterale •	T C	• Gene
Lebendes •		• Hemmung
Mendelsche •	W H	• Hunde
Monoklonale •		• Keule
Motorische •	E G	• Leitung
Neuronales •	K L	• Licht
Neurosekretorische •		• Membran
Ökologische •	Y	• Nervensystem
Optische •	J	• Netzwerk
Osmotischer •	N R R	• Nische
Pawlowsche •		• Organ
Peripheres •	Q	• Pflanzenschutz
Polarisiertes •	B U	• Quotient
Ranviersche •	E	• Regeln
Repetitive •		• Replikation
Respiratorischer •	O C	• Retikulum
Saltatorische •		• Röhre
Semikonservative •	I H	• Schlüsselreiz
Semipermeable •	V	• Schnürringe
Sensorische •	E X	• Sequenzen
Springende •		• Spalt
Synaptischer •	B	• Täuschung
Überoptimaler •	S D	• Uhr
Washingtoner •	R	• Zellen

Aus: Neue Rätsel im Biologieunterricht, Aulis Verlag Deubner & Co KG, Köln, 2000

Lösung zu Rätsel 35:

Alkoholische	Gärung	
Anaerobe	Dissimilation	
Chemische	Keule	
Cortisches	Organ	
Degenerierter	Code	*)
Endoplasmatisches	Retikulum	
Essentielle	Aminosäuren	
Eustachische	Röhre	
Genetischer	Fingerabdruck	*)
Innere	Uhr	
Integrierter	Pflanzenschutz	
Laterale	Hemmung	
Lebendes	Fossil	
Mendelsche	Regeln	
Monoklonale	Antikörper	
Motorische	Endplatten	**)
Neuronales	Netzwerk	
Neurosekretorische	Zellen	
Ökologische	Nische	
Optische	Täuschung	
Osmotischer	Druck	
Pawlowsche	Hunde	
Peripheres	Nervensystem	
Polarisiertes	Licht	
Ranviersche	Schnürringe	
Repetitive	Sequenzen	
Respiratorischer	Quotient	
Saltatorische	Leitung	
Semikonservative	Replikation	
Semipermeable	Membran	
Sensorische	Felder	**)
Springende	Gene	
Synaptischer	Spalt	
Überoptimaler	Schlüsselreiz	
Washingtoner	Artenschutzabkommen	

Ergebnis:
RUBINSCHER BECHER

Klassenstufe:	Sekundarstufe II (Jahrgang 13)
Schwierigkeitsgrad:	*
Benötigte Zeit:	10 - 15 Minuten

Weitere Hinweise:

Mit 13 von insgesamt 35 zweiteiligen Fachbegriffen, die richtig kombiniert werden müssen, stehen die zur **Sinnes- und Nervenphysiologie** deutlich im Vordergrund, gefolgt von 7 Fachtermini zur **Genetik**; die entsprechenden Kursthemen müssen abgeschlossen sein, damit die Schüler das Rätsel erfolgreich bearbeiten können. **Weitere Kursthemen** wie z. B. Stoffwechsel, Verhaltenslehre, Ökologie sind mit jeweils nur wenigen Beispielen im Rätsel vertreten; auch hier ist es natürlich von Vorteil, wenn die betreffenden Themen bereits behandelt wurden – andernfalls sind den Schülern nicht alle Fachtermini bekannt. Das Rätsel wird man also am besten bis zum letzten Bio-Kurs der Sekundarstufe II „aufheben".

Es könnte dann **Ausgangspunkt für eine ausgiebige Wiederholung** vor dem Abitur sein, die mit der Erklärung der im Rätsel enthaltenen Begriffe beginnt. Das Rätsel ist aber auch **für letzte Stunden vor den Ferien und ähnliche Anlässe** geignet, zu denen man Fachbezogenes gern auf eine etwas legerere Art anbietet.

Zum schnellen Auffinden der jeweiligen Ergänzung sind die Wörter in beiden Spalten alphabetisch sortiert. In zwei Fällen gibt es je zwei Kombinationsmöglichkeiten, von denen aber jeweils die eine ausscheiden muss, weil sonst nicht alle Teile „unterzubringen" sind – siehe bei *) und **); insofern ist also insgesamt eine eindeutige Zuordnung gewährleistet. Wegen eventuell erforderlicher Korrekturen ist es zweckmäßig, die Verbindungslinien nur mit Bleistift zu ziehen. Die nicht durchgestrichenen Buchstaben werden eingekreist oder in anderer Weise markiert, damit sich das Lösungswort leichter ablesen lässt.

Der **Rubinsche Becher** (s. S. 116) eignet sich zu mancherlei Bemerkungen betreffs der Verarbeitung von Sinnesreizen zu bewussten Wahrnehmungen. Er gehört zur Kategorie der sog. **Umspringbilder**. Charakteristisch für Umspringbilder ist, dass man sie unterschiedlich wahrnehmen kann; die beiden verschiedenen Eindrücke / Interpretationen eines Umspringbildes können in schneller Folge hin- und herwechseln. Im vorliegenden Fall sehen wir *entweder* ein schwarzes Gefäß *oder* zwei weiße, einander zugewandte Gesichter, aber nie beide Möglichkeiten gleichzeitig (Abb. aus: *Klebe, I. + Klebe, J.:* Durch die Augen in den Sinn. Aulis Verlag, Köln 1988).

35 Lehrerseite

Es gibt **zahlreiche weitere zweiteilige Fachtermini** aus dem Biologiepensum der Sekundarstufe II, aus denen der Lehrer bei Interesse **ein zweites Rätsel gleicher Konstruktion** herstellen kann, z. B. eines mit anderem Schwerpunkt. Derartige feststehende Begriffe werden im Folgenden genannt. Bei der Auswahl der Begriffe für ein neues Rätsel muss darauf geachtet werden, dass (zum Schluss) eine eindeutige Zuordnung möglich ist, oder die Positionierung der Buchstaben ist entsprechend vorzunehmen.

Adaptive Radiation, aktive Immunisierung, aktivierte Essigsäure, allosterische Hemmung, analoge Organe (Strukturen), anaphylaktischer Schock, bedingter Reflex, bilaterale Symmetrie, biochemischer Sauerstoffbedarf, biologische Schädlingsbekämpfung, blinder Fleck, Casparyscher Streifen, circadianer Rhythmus, einkeimblättrige Pflanzen, essentielle Fettsäuren, gelber Fleck, genetische Information, graue Substanz, grauer Halbmond, homologe Organe, humorale Antwort, intermediärer Erbgang, kompetitive Hemmung, Langerhanssche Inseln, Limbisches System, monosynaptischer Reflexbogen, nonverbale Kommunikation, ökologisches Gleichgewicht, opportunistische Keime, optische Aktivität, ovales Fenster, oxydative Decarboxylierung, passive Immunisierung, prospektive Potenz, Reißnersche Membran, reverse Transkriptase, rezeptorische Felder, Rote Listen, Schwannsche Zellen, vegetatives Nervensystem, ungesättigte Fettsäuren, zweikeimblättrige Pflanzen.

✂- -

Abbildung zur Lösung von Rätsel 35

Betrachten Sie diese Abbildung eine Weile. Was hat Rubin dargestellt?